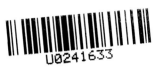

图画通识丛书
A Graphic Guide

科学哲学

Introducing Philosophy of Science

齐亚丁·萨达尔（Ziauddin Sardar）/ 文
波林·凡·路恩（Borin Van Loon）/ 图
程功 / 译

三联书店

图书在版编目（CIP）数据

科学哲学／（英）齐亚丁·萨达尔文；（英）波林·凡·路恩图；程功译．—北京：生活·读书·新知三联书店，2020.2
（图画通识丛书）
ISBN 978-7-108-06678-7

Ⅰ．①科…　Ⅱ．①齐…②波…③程…　Ⅲ．①科学哲学－研究
Ⅳ．①N02

中国版本图书馆 CIP 数据核字（2019）第 181878 号

责任编辑　周玖龄
装帧设计　张　红
责任校对　陈　明
责任印制　徐　方
出版发行　生活·讀書·新知 三联书店
（北京市东城区美术馆东街 22 号 100010）
网　　址　www.sdxjpc.com
图　　字　01-2018-7542
经　　销　新华书店
印　　刷　北京隆昌伟业印刷有限公司
版　　次　2020 年 2 月北京第 1 版
2020 年 2 月北京第 1 次印刷
开　　本　787 毫米 × 1092 毫米　1/32　印张 6
字　　数　50 千字　图 174 幅
印　　数　0,001－8,000 册
定　　价　32.00 元
（印装查询：01064002715；邮购查询：01084010542）

目　录

野兽的本性

我们的世界是由科学塑造和驱动的。从抗生素到计算机，从我们对人类进化的理解，到我们有能力向土星发射卫星，几乎每一种现代生活的裨益都是科学的产物。对于大多数人而言，进步（progress）只不过是另一个表示前进（advance）的术语，这种前进体现于从新的科学发现衍生而来的科学知识与裨益。

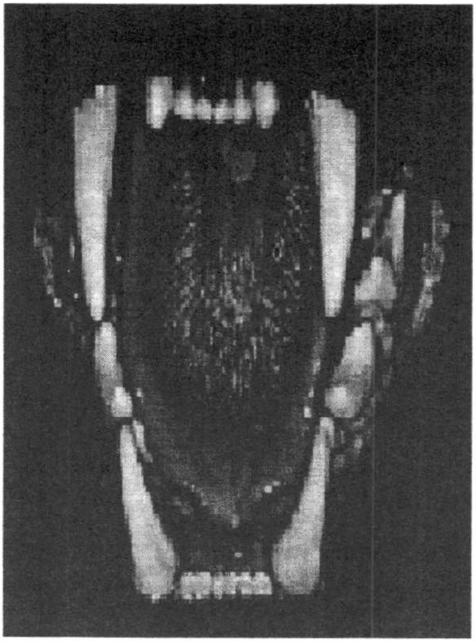

但进步的永恒驱动力到底是什么？
科学的裨益固然容易为人所见，但对科学本身的定义却是极其困难的。

科学是“绝对客观”的吗？

直到相当晚近的时代，西方传统都还将科学视作对自然与现实客观知识的探索。科学家们被当作类宗教式（quasi-religious）的超人，他们为了发现真理，会英勇无畏地与一切困难作战。

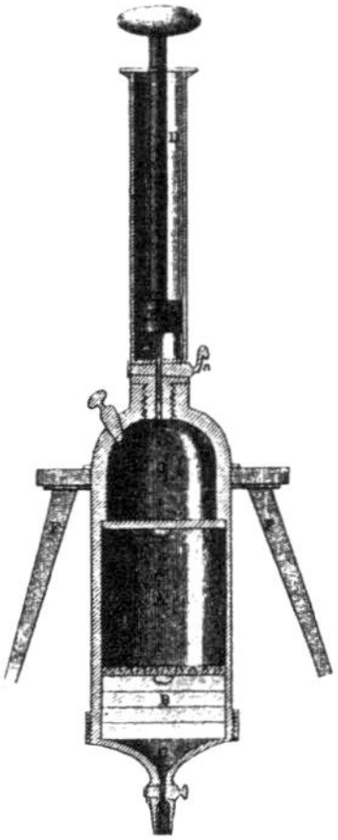

正如一位社会学家在 20 世纪 40 年代描述的那样，科学反映了自然本身的性质："星辰没有情感，原子没有忧虑，这类东西都不必考虑在内。观察乃是客观的，不需要科学家们刻意使之如此。"

或者，正如那位激进的科学史专家 J. D. 伯纳尔（J.D.Bernal, 1901—1971）所说的：

科学只关乎理性、普遍性和无功利性。
伯纳尔

我们信任科学家吗?

但是,科学家这种热爱真理、追求真理、为人类福祉努力工作的形象,与公众对科学和科学家的理解之间存在相当大的矛盾。大多数人并不是"反科学"的。我们承认,科学具备让我们的生活变得更健康、更轻松的潜力。

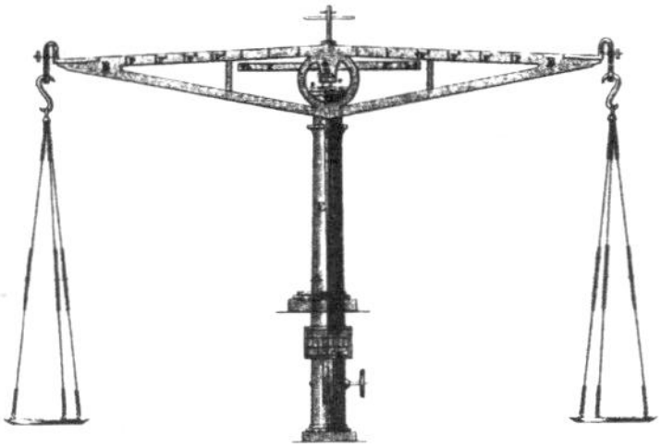

我们看到，在通俗文学和电影中，对科学家们的看法甚至更加尖锐。

玛丽·雪莱（Mary Shelley）的**《弗兰肯斯坦》**（*Frankenstein*, 1818）中的亨利·弗兰肯斯坦博士（Dr. Henry Frankenstein）并非一个怪物，但却是……

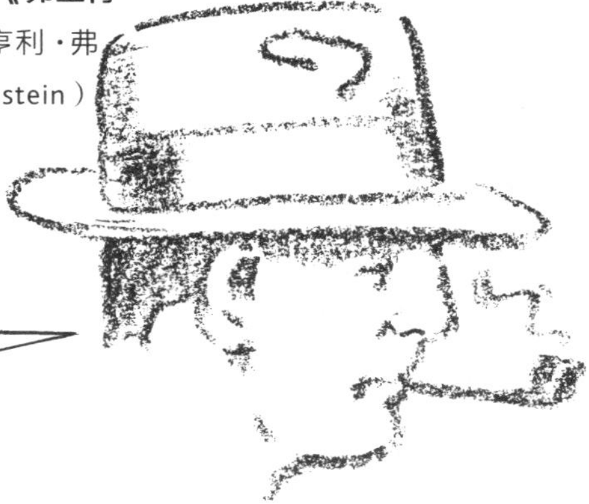

一个试图用自己的形象造人的科学从业者——在不依赖上帝的前提下。

在罗伯特·路易斯·史蒂文森（Robert Louis Stevenson）的**《化身博士》**（*Dr Jekyll and Mr Hyde*, 1886）中，杰基尔（Jekyll）是一个焦躁不安的年轻科学家，他发现了一种调制剂，能让他转变到个性中的另一面……

Hyde
令人厌恶且凶残无比的海德先生（Mr Hyde）。

在 H. G. 威尔斯（H.G. Wells）的**《拦截人魔岛》**（*The Island of Docter Moreau*, 1896）一书中，一位科学家研制出的突变生命体生存于疼痛和苦难之中……

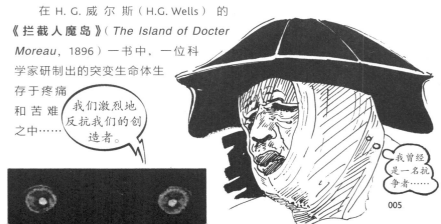

我们激烈地反抗我们的创造者。

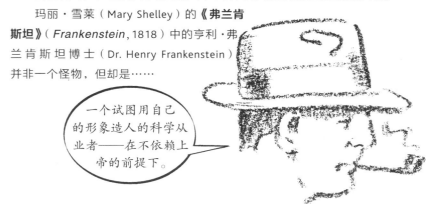

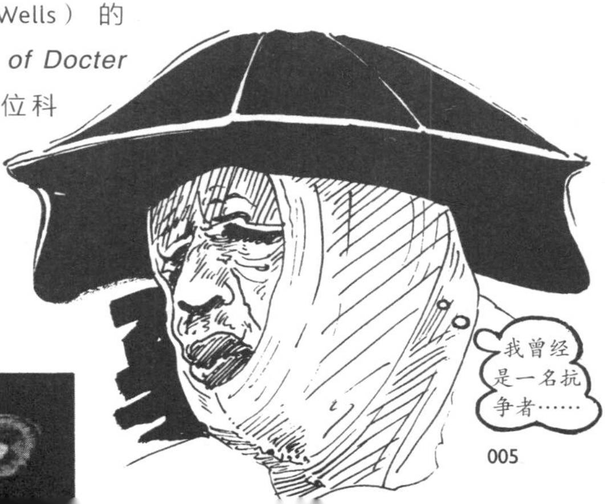

我曾经是一名抗争者……

经典电影**《奇爱博士》**（*Dr Strangelove*，1964）中，由彼得·塞勒斯（Peter Sellers）饰演的主角乃是一位身患截瘫的纳粹科学家……

当世界陷入一场核爆末日时，他竟奇迹般地痊愈了。

奇爱博士
(Dr Strangelove)

《来自巴西的男孩》（*The Boys from Brazil*，1978）表现了一群科学家——作为邪恶的纳粹分子——不择手段地要再造出一个属于希特勒的种族。

在**《蝙蝠侠和罗宾》**（*Batman and Robin*，1997）中，两方面的反派都是科学家：

邪恶的急冻人（Mr Freeze）
和误入歧途的毒藤女（Miss Poison Ivy）。

公众对于科学和科学家们的认识，为何与科学家们的自我认识之间存在如此激烈的差异？科学家可是将自己看作杰出的开拓者，认为他们理当获得崇拜、资助和全权信托呢。这或许是因为，除了带来裨益以外，科学也对人类造成了严重的威胁。

科学给我们带来了炸弹，以及大规模杀伤性的生化武器。
它带来了优生学的阴霾，将我们带到了克隆人类的危险边缘。

科学的副产物，例如核废料以及化学污染，正在地方性、区域性乃至全球性的级别上破坏着生态系统。因此，科学为我们带来裨益的同时，也带来了代价。或许是为了展现出一种更加令人气馁的科学观，获得诺贝尔奖的物理学家卢瑟福勋爵（Lord Rutherford）如是说道：

科学是科学家们做的东西。

科学家实际做什么？

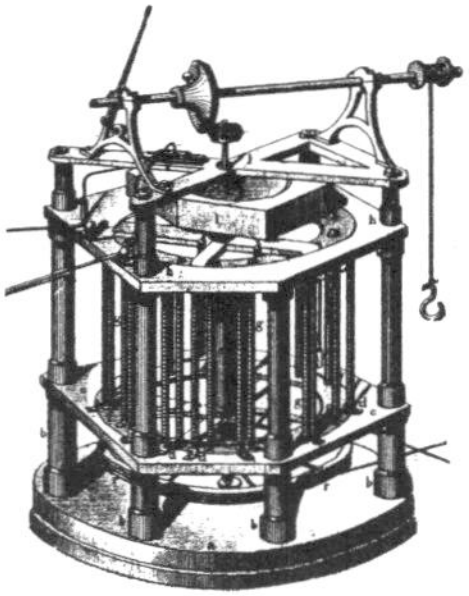

据媒体报道，以下都是一些科学家们实际所做的负面事情的例子。

《独立报》（*The Independent*），第二版，1995 年 1 月 26 日

“他们射杀猪，不是吗？”（“They Shoot Pigs Don’t They”）一文报道：

在英格兰的波顿唐研究机构（Porton Down research establishment），科学家们一直都在利用活体动物测试防弹衣。动物被绑到轨道车上，承受从火药爆炸驱动的震激管出口产生的，距离为 600 毫米或 750 毫米的轰击。最开始，猴子被用于这些实验，但科学家们之后转为对猪进行射击。动物遭到射击的部位在眼部上方，以此来研究高速子弹击中脑组织后的影响。

坚持住别动……一点都不疼的。

《时代》杂志，1994 年 1 月；另见**《时尚先生》**（*Esquire*），1994 年 12 月“科学俱乐部为国效力”，奇普 · 布朗（Chip Brown）报道：

新型
噼里啪啦砰！

在 20 世纪 40 年代末期的美国，青年男孩食用着放射性的谷物早餐，中年母亲被注入放射性的钚，囚犯们的睾丸受到辐射——这些都是以科学、进步和国家安全之名发生的。这些实验一直持续到 20 世纪 70 年代。

坚持住别动……一点都不疼的。

罗恩·罗森鲍姆（Ron Rosenbaum），《甚至连美国总统夫人有时都要赤裸裸地站着》一文，见于《独立报》，1995年1月21日——是**《纽约时报》**（*New York Times*）一则故事的再版——报道如下：

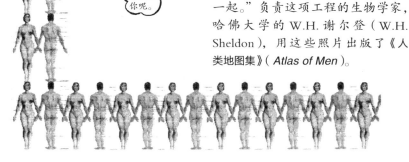

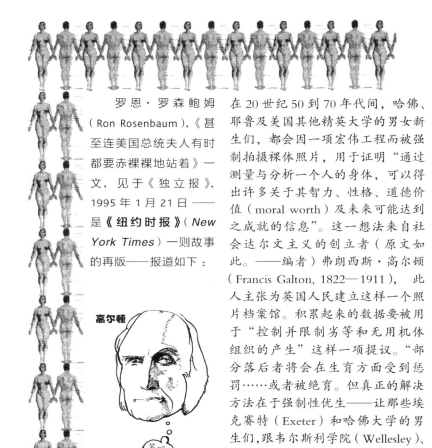

高尔顿
笑一笑……镜头正对着你呢。

在20世纪50到70年代间，哈佛、耶鲁及美国其他精英大学的男女新生们，都会因一项宏伟工程而被强制拍摄裸体照片，用于证明“通过测量与分析一个人的身体，可以得出许多关于其智力、性格、道德价值（moral worth）及未来可能达到之成就的信息”。这一想法来自社会达尔文主义的创立者（原文如此。——编者）弗朗西斯·高尔顿（Francis Galton, 1822—1911），此人主张为英国人民建立这样一个照片档案馆。积累起来的数据要被用于“控制并限制劣等和无用机体组织的产生”这样一项提议。“部分落后者将会在生育方面受到惩罚……或者被绝育。但真正的解决方法在于强制性优生——让那些埃克赛特（Exeter）和哈佛大学的男生们，跟韦尔斯利学院（Wellesley）、瓦萨学院（Vasser）和拉德克利夫学院（Radcliffe）的女生们结合到一起。”负责这项工程的生物学家，哈佛大学的W.H. 谢尔登（W.H. Sheldon），用这些照片出版了《人类地图集》（*Atlas of Men*）。

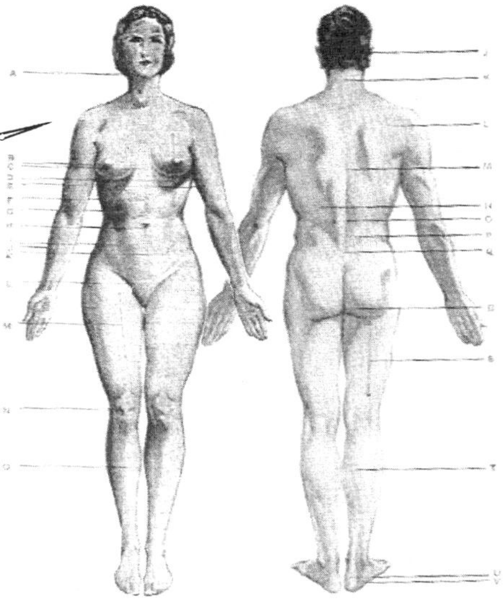
这些披露将科学置于一种极为不同的视角下。

科学家们实际做的事，受到了科学史专家极其细致的剖析，科学社会学家及人类学家的检验，科学哲学家的分析，以及女权主义者和非西方学者的详细审查。

这部作品对科学做出了一系列不同的定义和解释……
它挑战了科学家自己的看法，后者将科学视作一场客观的探索，高高立于一切文化与价值关怀之上。
THE HORROR
HUMAN GUINEA-PIGS SHOCK
SNAP CRACKLE ZAP! SAY BOFFINS

科学的定义

大多数评论家如今将科学视为一种有组织、制度化和工业化的冒险事业。它需要大量的资金，需要体型巨大、精细复杂且昂贵的仪器，以及数以百计的处理细节问题的科学家。

技术化应用的前景——通常是为了利润——将会决定哪些科学项目和科学领域会受到资助……
以及哪些需要饿肚子。

随着知识与权力的联合，知识本身便受到了腐化，成为了社会控制和集团统治的一种工具。

以下是对科学的另一些定义。

史蒂夫·富勒（Steve Fuller），
华威大学社会学教授：

科学是对知识的系统化追求，无关于它的主题。就社会学的角度而言，科学最有意思的地方，在于它建立起一种标准，为社会的其他领域立法。这个标准通常被冠以“理性”“客观性”或简单的“真理”之名。当使用这些词时我们暗示着，至少在原则上而言，这种立法的标准可以施用于社会中的每个人。但实际情况并非如此。科学的对立面不是意识形态或技术，而是专业技能和知识产权，它们意味着知识是一个特定的知识生产团体和知识拥有者的私有产品。

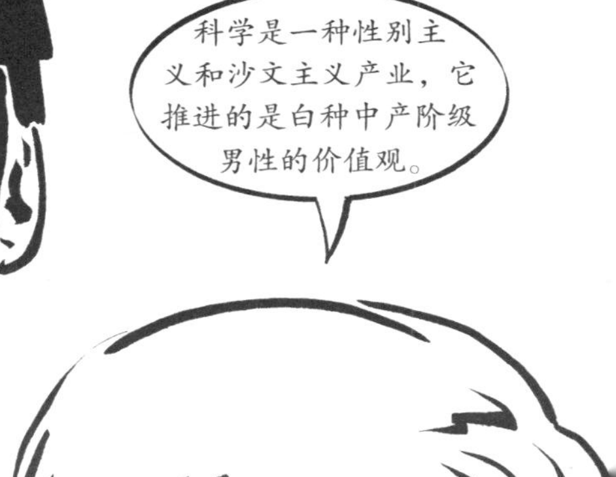
科学是一种性别主义和沙文主义产业，它推进的是白种中产阶级男性的价值观。

桑德拉·哈丁（Sandra Harding），女权主义科学学学者。

科学傀儡（golem）

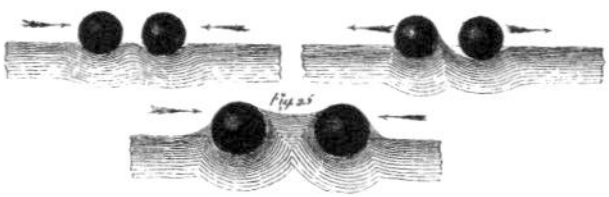

科学是一个傀儡。傀儡是一种源自犹太神话的造物。它是人类用泥土和水造出的一种人偶，被施加了符咒和法术。它威力强大，每天都会变得更加强大一些。它会听从指令，替你干活，保护你免受强大敌人的攻击。但它也是笨拙且危险的。一旦失控，傀儡也许会用它衰弱的力量杀死主人……既然我们在此将科学比作傀儡，那么值得一提的是，中世纪传统中的泥土造物，恰恰需要希伯来词语“EMETH”刻在前额上使其获得活力，其意为“真理”——正是真理驱动了它。但这并不意味着它就理解真理——还远着呢。

哈里·柯林斯（Harry Collins）与特雷弗·平奇（Trevor Pinch），科学社会学家

受争夺的科学领地

科学是一种暴力的神学。它将暴力施加于知识的主体、知识的客体、知识的受益者以及知识本身。

阿希斯·南迪（Ashis Nandy），印度文化理论家

科学在美国是一种根深蒂固的新型国家宗教。

小瓦恩·德洛里亚（Vine Deloria Jr.），拉科塔（Lakota）印第安激进主义者，美国印第安研究教授，科罗拉多大学。

所有这些对科学的不同定义与理解，都确凿无疑地告诉我们一件事：

科学是一块受争夺的领地。

关于科学的本质，这些多种多样的主张——都多少包含一些道理——揭示出科学是一种高度复杂且多层次的活动。不存在能够揭示科学基本性质的单一且简单的描述。不存在能描述出它真实性质的浪漫化理想范型。不存在能揭开它真实维度的笼统的概括。

科学家理解科学吗？

直到此刻，科学家们几乎还不理解科学事实上是怎样在实践中起作用的。科学家们在许许多多重要的方面误解了科学。

- 他们对科学方法有一种相当浪漫化的概念，他们所接受的教育使得他们相信，这种方法可以魔术般地生产出中性的、价值中立且普遍有效的真理命题。

- 他们认为自己工作于其中的独立自主的环境，是受到国库资金保护的。实际上，对科学的资助越来越多地来自于集团和基金会，它们只对某些研究议程感兴趣。

- 他们认为研究的唯一目的在于提高人类的理性与知识。实际上，科学所受的驱动来自军事利益、集团创造利润的需求以及那些在政治上无法被忽略的公众们的关切。

- 他们倾向于相信，科学可以因其本身而得到追求。它在内容上应当保持深奥难解，只需要自身理解即可，根本与社会或文化问题以及公共资助无关。但民主制的运行机制并非这么一回事。

- 他们倾向于（错误地）假定，如果公众掌握更多的技术知识，公众就会毫无疑问地接受他们的主张。公众常常关注于伦理、政策、风险和安全方面的问题——对于这些议题科学家们知之甚少。

如果科学家只具备自己专业活动领域内的知识，那么其他学科的专家，例如哲学、历史学和社会学专家，试图在我们的知识和实践中填补那些科学家们遗留下的空缺，这就一点也不令人惊讶了。
“科学学”（Science Studies）正是由此登场的……

科学学的起源和发展

科学学是一个涵盖性术语（umbrella term），它覆盖着数量日渐增多的、来源于社会科学和人文学科的交叉学科及领域，它们的研究主题皆为科学。

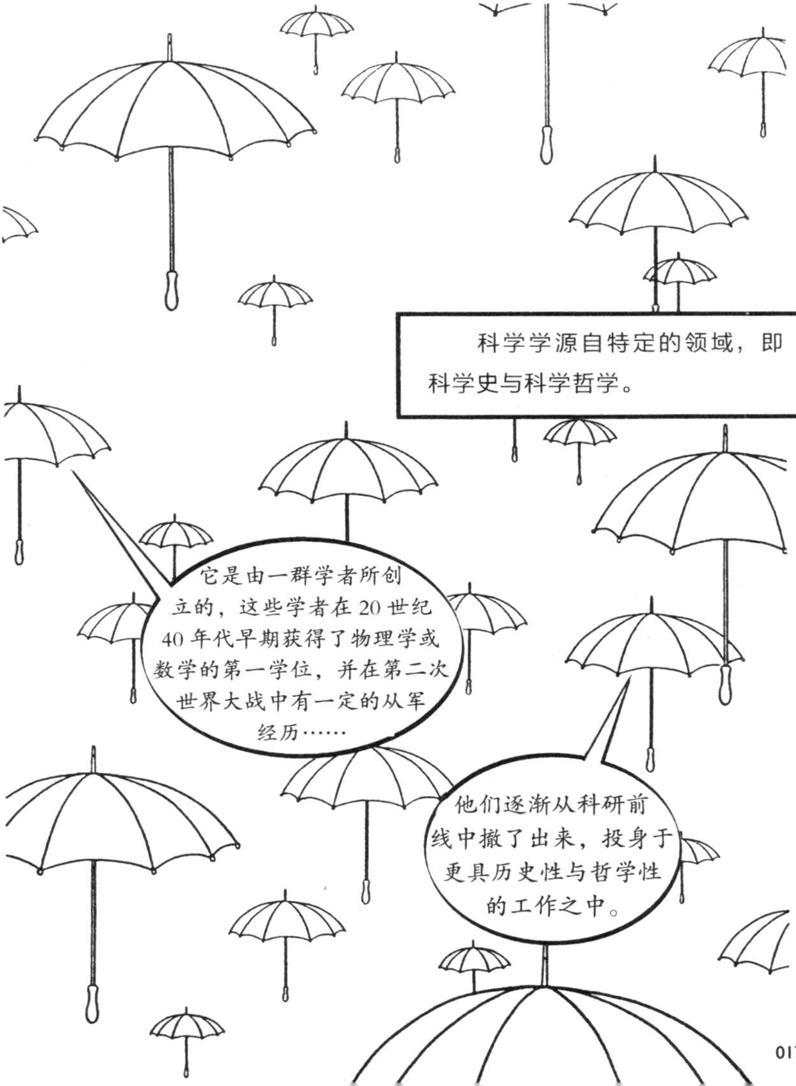

科学学源自特定的领域，即科学史与科学哲学。
它是由一群学者所创立的，这些学者在20世纪40年代早期获得了物理学或数学的第一学位，并在第二次世界大战中有一定的从军经历……
他们逐渐从科研前线中撤了出来，投身于更具历史性与哲学性的工作之中。

20 世纪 60 年代的科学学

科学学本身始自 20 世纪 60 年代晚期，它在很大程度上是由科学史学家、科学哲学家、激进学者、环保主义者和具有关怀的科学家所促动发起的，随着科学事业融入军事 – 工业复合体（military-industrial complex），他们对科学的幻想破灭了。相应的学位课程开始设立，为的是将“科学、技术与社会”统合起来。

这些人通常是从文理机构中的科学及工程院系中退出的。他们对于现状的态度颇具批判性。

肯特州立大学，1970 年

科学学促进了一些反主流文化运动的潮流，例如“小即美”（small is beautiful）观念、激进科学以及为妇女和少数族裔赋权的相关运动。
你也许很小，但你的形态很完美。

多样的批判方式

对科学的诸种批判方式是一个宽泛的集合，它以一系列不同的标题为名，包括……

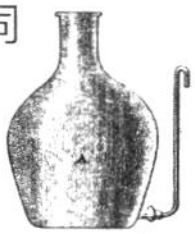

+ 科学、技术与社会研究
+ 科学政策研究
+ 科学的社会研究
+ 科学、技术与发展研究
+ 科学、技术与文化研究
+ 科学技术社会学

所以……激进科学……“权力归花”运动（flower power）……革命学生政策……整合科学与社会……少数群体解放……马克思主义……马尔库塞主义……那么关于女性赋权运动的是什么？

在学院之外，科学学受到了环境运动、“科学服务人民”（“Science for the People”）团体，以及各种各样马克思主义和社会主义的科学批判者们的支持。

他是谁？
等一下，这人拿着一张布告牌。
那他又是谁？
我想这会在下一页说明的。
杰罗姆·拉维茨（Jerome Ravetz, 1929年生），科学哲学家（以及诸多其他头衔）

在任何情况下，科学学的批判任务是在社会中改革科学。

一个快速增长的行业

在英国，第一个自称进行科学学研究的流派乃是“科学知识社会学”（Sociology of Scientific Knowledge，或称“Strong Programme”，“强纲领”），创立于20世纪60年代的爱丁堡大学。它是由工党首相**哈罗德·威尔逊**（Harold Wilson, 1916—1995）主推的……

我们的工作必须在这个时代贯通“两种文化”，即科学与人文。对于任何层面的政策制定而言，这个时代的科学都正在变得愈发重要。

本书作者的青年画像
到了20世纪70年代，大学的扩张使得科学学成为一个自成一体的学科。

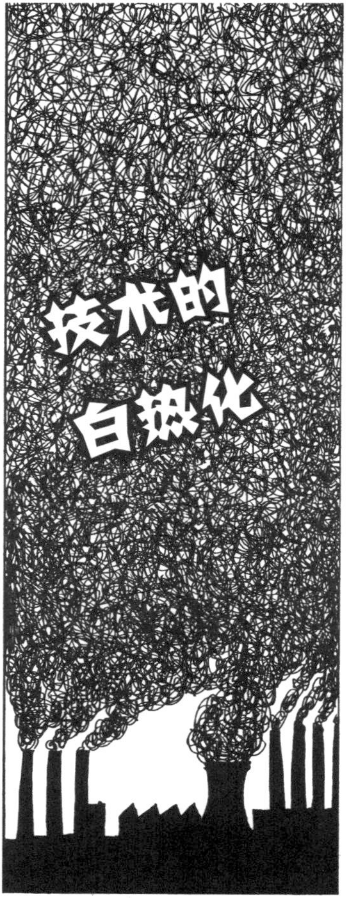

科学学开始采用它研究的科学所使用的东西，包括专业期刊、专业社团以及基于“个案研究”积聚增多而来的学科自主化主张。

科学学内部的冲突

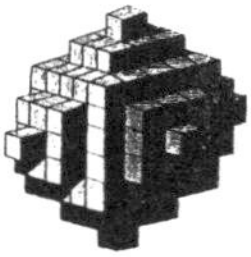

科学学中的激进性根源，与将科学学作为一门严格学科的专业化努力，这两者间的张力也有所增加。

科学学的发展之中，一种重要的区分出现在“高教会派”（High Church）和“低教会派”（Low Church）之间。

“高教会派”关注于将科学学转化为一门学科……
而“低教会派”旨在改造科学与社会的关系……

有趣的是，前者倾向于以社会科学家为其主要参与者，而后者则是一个宽泛的集合，包含那些具有社会关怀的专业科学家和各种社会激进主义者。

在大多数“第三世界”国家中，科学学发展成“低教会派”。重点很大程度上在于“发展”过程中科学的角色，抑或是它的缺位。

来自“低教会派”的批判

在 20 世纪 80 年代，一些著作，诸如阿希斯·南迪的**《科学、霸权与暴力》**（*Science, Hegemony and Violence*, 1988），以及……

我自己的《雅典娜的复仇：科学、剥削与第三世界》（*The Revenge of Athena: Science, Exploitation and the Third World*, 1988），揭露了科学的种族与政治经济学。
冷战结束之前，科学学已经使自己成为一门可敬的学科了。
ZIA

对科学共同体而言，科学学成为一大恼人因素，但某些科学家自己却开始将科学学视为一种保护和促进自身实践的工具。

激进起源的对比

科学学从激进的学术性课题转为专业化的学科，对此现象的一种理解方式，是去对比两部重要科学学指南的目录。有一本书出版于1977年，该书：

关于“科学政策与发展中国家”的一章由我撰写。
关于“对科学的批判”一章由我撰写。

《科学，技术与社会》
一种跨学科视角
编辑
伊娜·施皮格尔－罗辛（Ina Spiegel-Rösing）与德里克·德·索拉·普莱斯（Derek de Solla Price）
由科学政策研究国际会议支持
……被视为一部具有奠基性意义的读本。

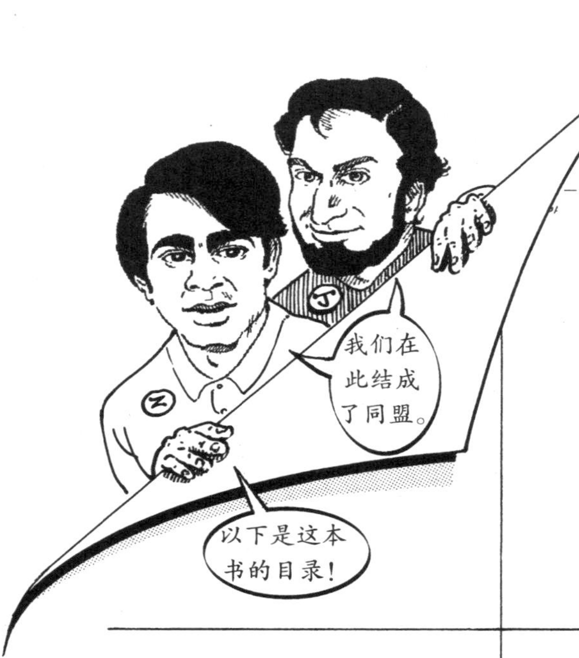

我们在此结成了同盟。
以下是这本书的目录!

目 录

七、研究与发展的经济学
C. 弗里曼（C. Freeman）
导言
定义与概念框架
技术
技艺变化
发明、创新与传播
研究与实验发展
定义的总结
关于技术变化的经济学思想的历史回顾
亚当·斯密与古典经济学
马尔萨斯（Malthus）
马克思
新古典主义经济学
熊彼特（Schumpeter）
垄断的经济学与加尔布雷斯（Galbraith）
一些近期的经验研究
研发数据与技术变化
发明与创新的源头
研究、创新与企业规模
不确定性、创新管理与企业理论
项目评估、成本效益、规划与技术评估
结论与未来研究
参考书目

八、科学的心理学
R. 菲什（R.Fisch）
导言
科学家与技术专家的一般性研究
动机、常态与价值、政治态度
动机·常态与价值·政治态度
科学家发展的心理学方面
社会化过程·科学职业·流动性·创意与生产力·创意、生产力及其标准·创造性科学家性别差异·环境状况
结论
参考书目

九、科学发展的模型
赫尔诺特·博梅（Gernot Böhme）
导言
科学发展的模型
科学发展的阶段：库恩的常态科学与革命性的科学理论
科学发展的连续性
进化发展模型
发展模型的历史变化
科学发展与技术发展之间的互动
科学发展的马克思主义概念
艺术之国：未来前景
参考书目

第三部分 科学政策研究：政策的视角
十、科学家、技术专家与政治力量
桑福德·A. 拉科夫（Sanford A. Lakoff）
历史演化：过去与现在
科学的政治中立传统
中立性与国际主义的终结
“二战”与原子弹的发展
核军备竞赛与“科学家的运动”
科学家与技术专家社会角色的扩展
技术统治的幽灵
政治维度：科学家与技术专家的政治特点
科学家与技术专家的政治功能
作为支持的倡导者·作为顾问·作为对手·科学家、技术专家与社会责任
尾声：学术视角中的知识与权力
参考书目

十一、技术与公共政策
D. 奈尔金（D. Nelkin）
导言
科学与技术的用处
资源分配·策略·应用的问题
科学与技术的冲击
冲击范围
政策的重要性

控制
参与式控制
反应式控制
预期性控制
结论
参考书目

十二、科学、技术与军事政策
哈维·M. 萨博斯基（Harvey M. Sapolsky）
导言
科学、技术与战争
作为国家优先项目的军事研发
现代武器的本质
军事研发尝试的组织
对军队的影响：科学与福利
武器控制
参考书目

十三、科学、技术与对外政策
布丽吉特·施罗德-古德胡斯（Brigitte Schroeder-Gudehus）
导言：历史视角
作为权力因素的科学与技术
对外政策的目标与手段
国际合作与跨国参与者
对外政策制定的过程：调整、分歧与障碍
国际科学共同体的政治维度
参考书目

十四、科学、技术与国际系统
尤金·B. 斯科尼科夫（Eugene B. Skolnikoff）
导言：科学与技术发展的一般影响
技术的五个一般性国际影响
相互依赖性
战争的意义
互动的新模式与新参与者

七个特别的问题领域
食物与人口·能源·原子能·环境·海洋·外太空·技术与贸易、跨国公司、技术的转让
方法
结论

十五、科学政策与发展中国家
齐亚丁·萨尔达（Ziauddin Sardar）与达伍德·G. 罗瑟-欧文（Dawud G. Rosser-Owen）
范围与术语
导言：三分世界？
西方的概念
发展的连续性
引人瞩目的技术
历史视角
发展的计划：传统观点
收益的内在源头
国外援助
国外贷款
皮尔森报告（Pearson’s Report）

发展的几个部分
多维度过程·社会资本·传统背景·教育体制·教育与训练·农业与土地改革·工业化与人力问题

一些近期趋势
关于欠发达地区的新理论·技术转让·中国的发展模型·替代技术·UNCTAD（联合国贸易与发展会议）

大约二十年后，这一本书(1995 年出版)……
展现出一种不太一样的科学学图景。
科学与技术研究指南
三
希拉·加萨诺夫（Sheila Jasanoff）
吉拉德·E. 马克尔（Gerald E. Markle）
詹姆斯·D. 彼得森（James C.Petersen）
特雷弗·平奇（Trevor Pinch）
编辑
科学社会研究协会合作出版
塞奇出版社（Sage Publication
国际教育与职业
千橡 伦敦

对于历史、哲学、制度化问题的关注以及宽广的常态性问题不见了。对该领域的历史记忆——它的起源及其根源于激进运动的特性，非西方批判与科学批判中的“低教会派”兴趣——都被抹去了。

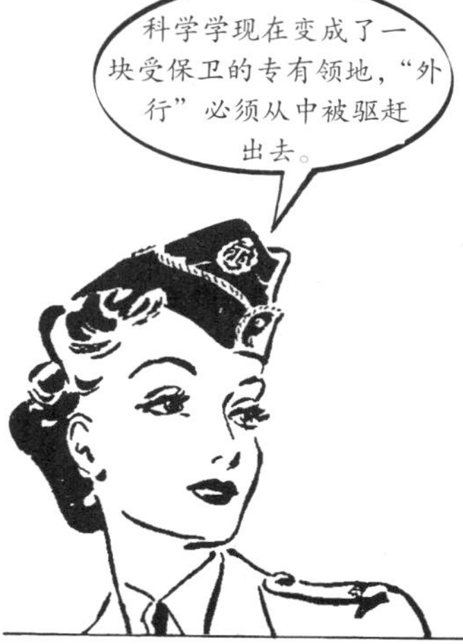

科学学现在变成了一块受保卫的专有领地，“外行”必须从中被驱赶出去。

目 录

科学学何以重要?

科学学绝对没有其他任何一门经验性学术科目或社会学分支那样重要。它的重要性仅仅在于作为一种工具,更加广泛地调查、批判和改造我们的知识实践。

科学学给我们上的最重要的一课是,科学对于自身实践中的社会属性基本是失察的。
在与社会的关系上,这是科学学问题的主要根源。

在总体上，科学学的目的是……

看啊，我穿着一个白大褂。相信我，我是个科学家。

- 引入一种科学实践和操作中的价值讨论。
- 开启科学对民主责任制的实践，尤其是它的决策制定过程及权力结构。
- 审查科学提出的问题种类，它所寻求的解决方法的类型，以及决定其操作与实践的那些未言明的假定前提。
- 检验科学流程中那些根深蒂固的性别和种族偏见。
- 找出将权力赋予科学的单一文化环境所造成的后果，揭示出多元化，以及科学研究的多元文化、多元方式的可能性。

所以，科学来自何处呢？
Ptolemeus
Astronomia
官方说法认定，科学始自古希腊，而古希腊一般被认定为西方文明的祖先。
古希腊天文学家指出，日食、月食并不是神明所示予的征兆，而只是地球、太阳和月球处在一条直线上造成的。

飞速推进到文艺复兴时代……
什么都没有再发生，直到文艺复兴——中间的岁月是黑暗时代，是阴郁的中世纪时期。
物理学先驱伽利略（Galileo Galilei, 1564—1642）指出，“月中人影”不过是一系列随机排列的黑暗、扁平的斑点。
呦呵！我看到你了！
我还用望远镜看到了月球上面的山，甚至算出了山的高度！

突飞猛进

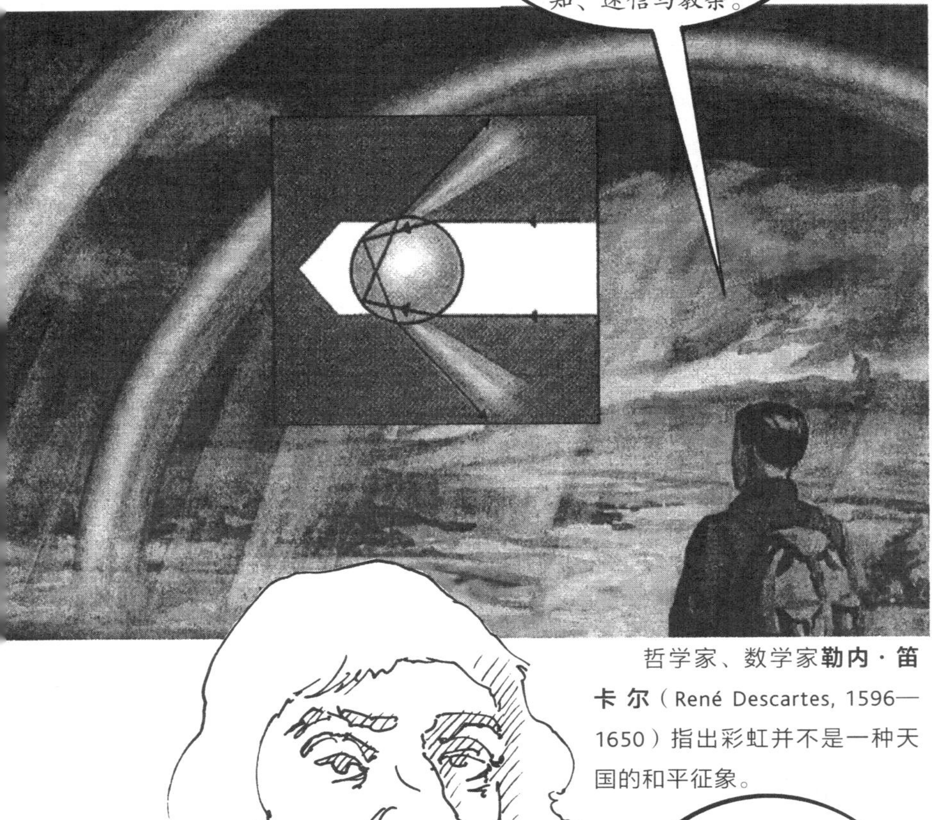
从现在开始，我们将跨越一个又一个伟大的科学家，他们组成了一条伟大的科学之链——科学征服了无知、迷信与教条。

哲学家、数学家**勒内·笛卡尔**（René Descartes, 1596—1650）指出彩虹并不是一种天国的和平征象。

确切地说，此事可以用光线遇到雨滴时发生的事来加以解释。我，笛卡尔，也揭示了为何彩虹拥有一个围绕太阳的圆形，而且总是与之保持着相同的距离。
笛卡尔

天国的火花

美国科学家**本杰明·富兰克林**（Benjamin Franklin, 1706—1790）证明了打雷并不是神的闪电之箭，而仅仅是巨大的电火花。

富兰克林
所有的建筑物都应在屋顶安装“避雷针”以吸引火花，还有金属带，用来把电流安全地引向地面。

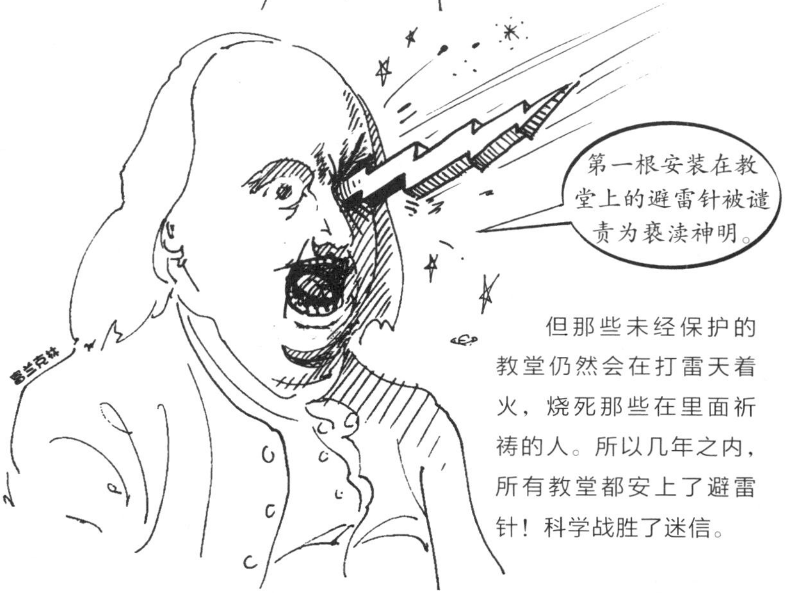
富兰克林
第一根安装在教堂上的避雷针被谴责为亵渎神明。

但那些未经保护的教堂仍然会在打雷天着火，烧死那些在里面祈祷的人。所以几年之内，所有教堂都安上了避雷针！科学战胜了迷信。

人猿星球

查尔斯·达尔文（Charles Darwin, 1809—1882）给我们带来了坏消息，人类起源于亚当与夏娃这件事，不过是一则寓言。

到了20世纪，科学占据着绝对的优势地位。这种进步看上去是不可阻挡的。通过科学方法，科学家们发现了更多事实。从这里面出现了“自然法则”。也是从这里，发明家与工程师造出了“生活中的美好事物”，医疗科学将我们从疾病中拯救出来。于是，科学的历史被展示并传授为一种关于伟大英雄及其伟大发现的编年史。他们中的每一个人都发现了一项简单的事实……

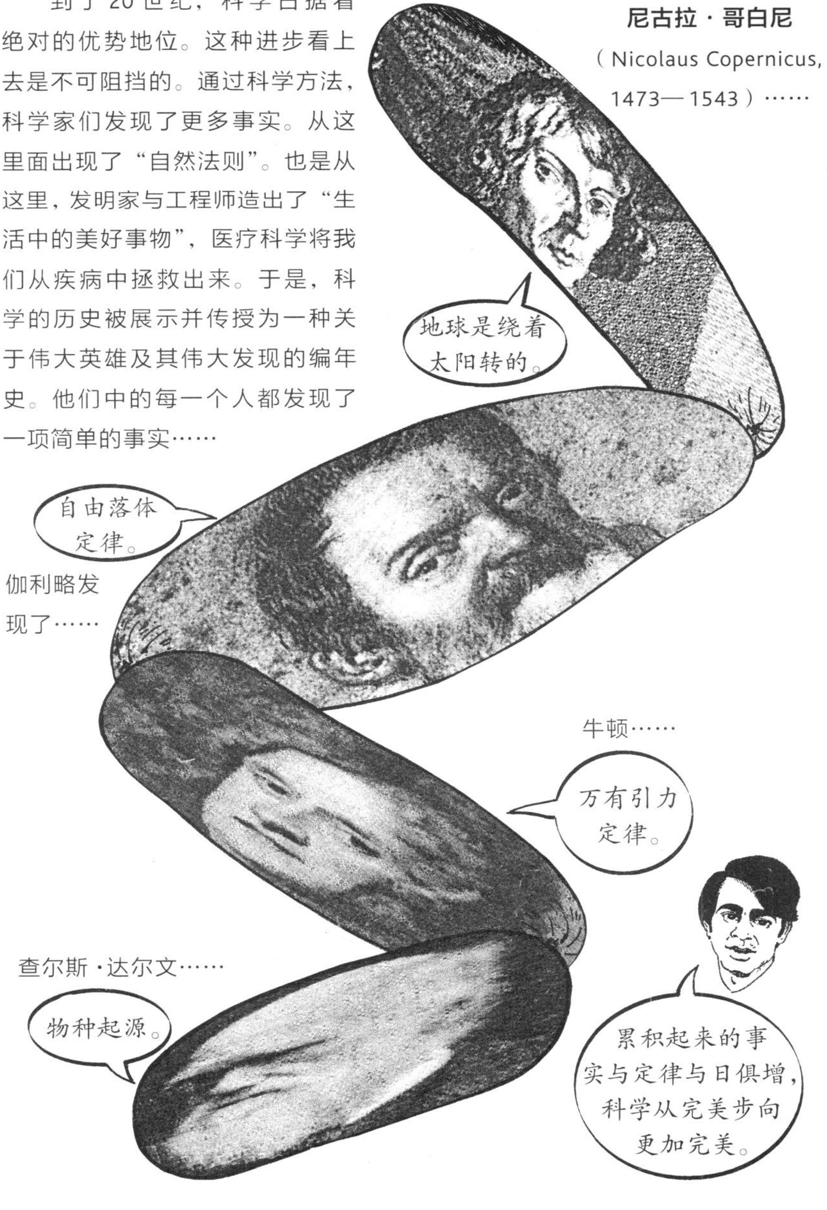
尼古拉·哥白尼
（Nicolaus Copernicus，1473—1543）……
地球是绕着太阳转的。
伽利略发现了……
自由落体定律。
牛顿……
万有引力定律。
查尔斯·达尔文……
物种起源。
累积起来的事实与定律与日俱增，科学从完美步向更加完美。

屠杀领域的科学

但第一次世界大战之后，这种传统的科学史出现了一定的问题。德国一位伟大的科学家，诺贝尔化学奖获奖者**弗里茨·哈伯**（Fritz Haber），发明了毒气。

它被用来对付其他欧洲人，而不仅仅是“土著人”，这东西看上去是对科学的一种恐怖的扭曲。

而后，对日本的战争以投放原子弹收尾。无论当时缩短战争的需求有多么必要，这件事像是动用了某种超自然的力量。随着氢弹以及洲际弹道导弹的研发，科学的产物已经足以毁灭我们所有人。
反核运动及其“和平棒棒糖”（peace lollipop）持续不停地提醒着我们，科学或许会带来灭顶之灾。

环境灾变

甚至当科学用于造福人类时，也有可能出现始料未及的后果。蕾切尔·卡逊（Rachel Carson）的《寂静的春天》（*Silent Spring*, 1963）将世界从污染的危险中唤醒——所有会唱歌的鸟儿都从喷满杀虫剂的美国农场中消失了。这个“反应停”（Thalidomide）式的悲剧揭示了科学在商用时也会产生灾难性的后果。

环保运动自此出现，并一直伴随着我们。

科学家会犯错误吗?

在哲学的前沿，一切都在动荡的20世纪60年代迅速分崩离析。托马斯·库恩（Thomas Kuhn）开始关注科学家们如何犯错误的问题。
学者们都会同意，我，亚里士多德（Aristotle, 公元前384—前322），错误地认定运动的物体会“自然而然”减速。
毕竟，我，伽利略，已经揭示出自然运动是“惯性的”，如果没有遇到障碍，运动是会永恒延续下去的。
但亚里士多德是古往今来最伟大的天才之一。他的错误会不会只是粗心大意造成的呢?

范式问题

在十分炎热的一天，库恩意识到亚里士多德并没有对伽利略的问题给出“错误答案”。

亚里士多德所处理的是不同的问题——按照库恩的术语，他处在一种不同的“范式”之中。
科学的传授与神学一样教条化，与乔治·奥威尔（George Orwell）描写极权主义的小说《1984》一样，它的历史谬误百出。

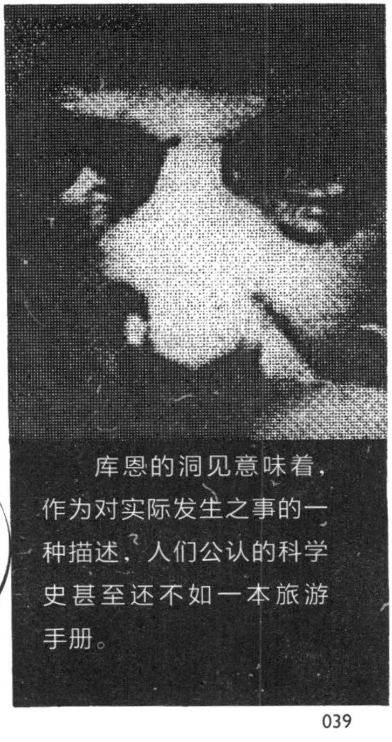
库恩的洞见意味着，作为对实际发生之事的一种描述，人们公认的科学史甚至还不如一本旅游手册。

倒塌的偶像

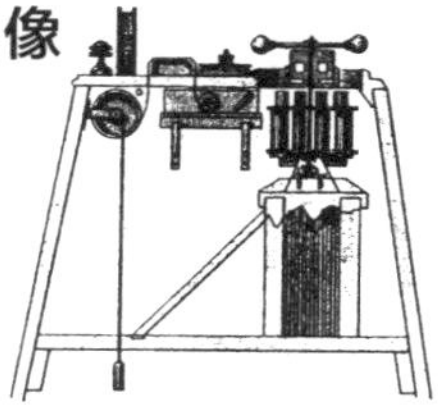

历史学家开始着手矮化偶像们的形象。

伽利略从未能证明地球围绕着太阳旋转。他尝试利用潮汐作为证据，但该证明是混杂不清且错误的。
牛顿为人自私，且报复心极重。他对炼金术的兴趣大于科学。他剽窃了穆斯林科学家们的成果。有记录表明，他借助英国皇家学会之手，秘密地策划了对他的竞争对手，德国数学家、哲学家戈特弗里德·威廉·莱布尼茨（Gottfried Wilhelm Leibniz, 1646—1716）的人格中伤。
安托万·拉瓦锡（Antoine Lavoisier, 1743—1794）在“发现”氧气时曾得到大量帮助，但这些帮助却未受到他的承认。它们来自他慷慨的竞争对手，英国人约瑟夫·普里斯特利（Joseph Priestley, 1733—1804）。
无论如何，他认定所有的酸都由氧化产生，这个理论是错误的。
汉弗莱·戴维（Humphry Davy, 1778—1829）证明了他的这个错误。
伽利略
牛顿
莱布尼茨
拉瓦锡
普里斯特利
戴维

放眼望去，那些科学巨人们总不乏一些缺陷。

科学那大获全胜的形象终于跌下了神坛，就如同破镜难圆，那些摔碎的偶像再也无法重新拼接起来。科学史与科学哲学，连同科学学，在将科学的地位打回凡间这件事上，都起到了一定作用。

科学“失宠”的故事该从哪儿开始讲起呢？
呃，总要从什么地方讲起。那我们就从维也纳学派开始吧。

维也纳学派：逻辑实证主义

维也纳学派创立于20世纪20年代，是一个颇具影响力的科学哲学学派。当其鼎盛时，学派包含约三十六名成员，他们来自自然科学、社会科学、逻辑学及数学等领域。该学派的领军人物，**鲁道夫·卡尔纳普**（Rudolf Carnap，1891—1970）与**奥图·纽拉特**（Otto Neurath，1882—1945），将其视为一种推进反教权主义与社会主义理念的方式。学派的第一部出版物正是它的宣言：**《科学的世界观》**（*The Scientific Conception of the World*, 1929）。

该学派的立场，提出于其期刊《认识》（*Erkenntnis-Knowledge*），后被称为《统一科学期刊》（*The Journal of Unified Sciences*）——他们断言形而上学与神学乃是毫无意义的……
形而上学与神学由那些无法被证明的命题所组成。

该学派自己的学说，即**逻辑实证主义**，将哲学构想为纯粹分析性的，它以形式逻辑为其基础，此类哲学是科学论述唯一合法的组成部分。

维也纳学派的影响

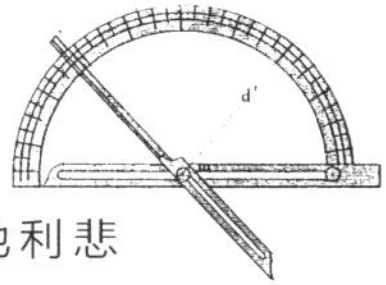

维也纳学派最终在奥地利悲剧性地收场。其中的一位领军人物**莫里茨·石里克**（Moritz Schlick，1882—1936）于1936年遭到谋杀。在希特勒入侵奥地利后，该学派成员移居至英国和美国。

在20世纪40年代，该学派思想广为人知，为现代分析性科学哲学（analytic philosophy of science）的出现做出了贡献。

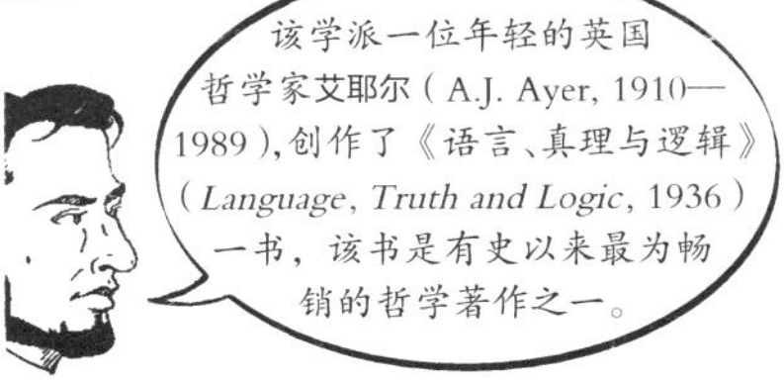
该学派一位年轻的英国哲学家艾耶尔（A.J. Ayer，1910—1989），创作了《语言、真理与逻辑》（*Language, Truth and Logic*，1936）一书，该书是有史以来最为畅销的哲学著作之一。

但实证主义的**政治性**起源被人遗忘了——或者说，被压制了。它看上去仅仅是一种干瘪的学说，主张科学的绝对正确性。

卡尔·波普尔的“可证伪性”理论

卡尔·波普尔（Karl Popper, 1902—1994）与维也纳学派若即若离地联系在一起。他是战后最具革新精神的科学哲学家之一。他的“可证伪性”理论削弱了当时的主流观点，即积累起来的经验将通向科学假说——这被维也纳学派称为“证实”（verification）。

波普尔提出，被随意推测出来的假说乃是先于经验的，且它受到经验的检验。
“可证伪性”——一种科学理论可以被单个与之矛盾的事件所证伪这一事实——是一种能在科学和非科学之间真正划界的方式。

反对归纳法

波普尔在《**科学发现的逻辑**》(*The Logic of Scientific Discovery*，德文原版，1934；英译本，1959）一书中，发展出了他关于科学研究过程本质的思想。他不同意关于“归纳法”的传统信条，即从一系列给定的前提中抽离出普遍的结论——这是科学中一切归纳总结的基础。

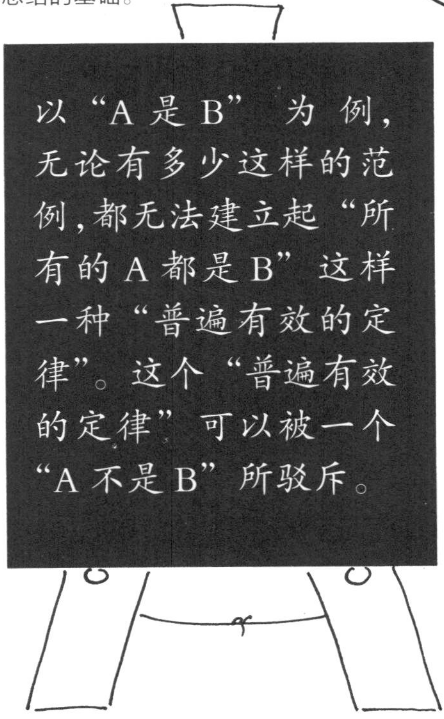
以“A是B”为例，无论有多少这样的范例，都无法建立起“所有的A都是B”这样一种“普遍有效的定律”。这个“普遍有效的定律”可以被一个“A不是B”所驳斥。

哲学家们构建出的“科学语言”模型，与现代科学的语言毫无关系。
这是科学中唯一确定的断言。波普尔以此将科学与非科学、伪科学划界。

对于波普尔来说，科学中并不存在最终真理这样一个东西。恰恰相反，科学的进步是依靠“猜想与反驳”（同名于波普尔的论文集标题，出版于1963年）来实现的。在波普尔看来，自我批判精神才是科学的本质。

托马斯 · 库恩的革命

托马斯 · 库恩（Thomas Samuel Kuhn，1922—1996）是在科学学方面最为重要的学者之一。他出生于俄亥俄州的辛辛那提，曾在哈佛大学主攻物理学，研究生阶段继续钻研理论物理学。

然而在完成我的毕业论文之前，我决定转向科学史。

1962 年，库恩出版了《科学革命的结构》一书，该书如今已成为 20 世纪探讨科学本质的一部具有决定性意义的著作。该书是一系列行话术语的发源地，如“范式”“革命性的科学”以及（间接源于他的）“后常态科学”。

《科学革命的结构》

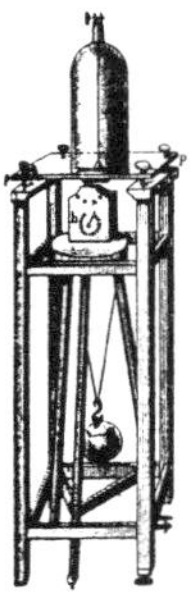

库恩探索科学中的重大主题。他想知道科学在一种实实在在的、经验主义的方式之下——即在实践之中，究竟是什么样子。他认为科学家们实际上远远不是在发掘真理，而是在已经建立起来的世界观下解决难题的。

“范式”这个术语表明，现实科学实践中存在某些被公认的范例（它们已经产生出了诸般理论、法则、应用和仪器化应用），它们将会提供一些模型，科学研究的某些特定而连贯的传统就是从这些模型中得来的。历史对这些传统往往采用如下说法描述：“托勒密天文学”（或“哥白尼天文学”），“亚里士多德动力学”（或“牛顿动力学”），“粒子光学”（或“波动光学”）等。

常态科学

在库恩的构想中，与范式有着紧密关联的一个术语是“常态科学”。常态科学乃是科学家们在已建立起的教条范式中，采取循规蹈矩的方式所进行的工作。

科学家们将范式作为一种资源来使用，以此来改进理论，解释那些令人困惑的数据，建立起愈加精确的标准尺度，还会做其他必要的工作来扩展常态科学的界限。

革命性的科学

常态科学中那种平淡的稳定性，偶尔会被某些无法克服的危机打断。到达一定的程度之后，危机就只能由**革命**来解决。“革命性的科学”将占据主导地位，旧的范式将让位于新的范式。但曾经具有革命性的东西也会成为新的正统。然后就是如此的循环往复。

常态科学后面跟着的是革命性的科学，科学本身通过这一循环来获得进步。

每种范式都会由一部主要的著作来定义并塑造它。
莱尔

人们对于科学的传统印象是稳步推进、循序积累式地求知，它建基于合理选取的实验框架。与之形成鲜明对比的是：库恩将“常态”科学展现为一种教条主义的事业。

亚里士多德的《物理学》，牛顿的《原理》与《光学》，莱尔的《地质学》都是这样的范例，它们在特定时代规定了特定科学分支的范式。

科学之敌

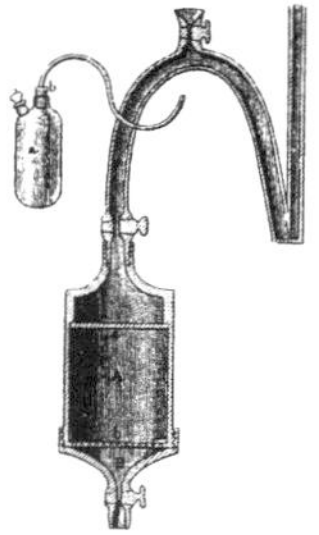

不出意外,《科学革命的结构》一书引发了极大的争议。科学家们感到厌恶，该书不再将他们视为英雄式的、开明的、不计功利的真理追求者，以及自然与现实的探询者，他们只是有所专长的祭司，推进着属于他们自己特定的教派神学。科学哲学家们发现库恩的相对主义颇不得人心。

波普尔属于第一批意识到库恩重要性的人——在《科学革命的结构》一书中，他看到了一种对于科学前途的威胁。
科学真理

库恩的“常态科学”概念，是科学和文明之敌。

反对库恩

1965 年 7 月，波普尔和他的团队组织了一场科学哲学国际学术研讨会，其明确的目标在于击垮库恩。会议的思想受到了一系列机构的支持——包括英国科学哲学学会、伦敦政治经济学院及国际科学史和科学哲学联合会——意在将库恩置于英国科学哲学家联合力量的对立面。

Ladeez 与 Gennl 之人
ONLY
ONLY
今晚
仅限这一晚
为了凯特先生的利益
一场国际学术会议
主题为科学哲学
没有一丝援助
一场重量级对决
三次倒地、三次降伏或一次击晕
将会决出胜者
卡尔·波普尔
蒙面掠夺者
对阵
托马斯·库恩
从地狱而来的无政府主义科学家
随后还有口技表演者与反串艺人

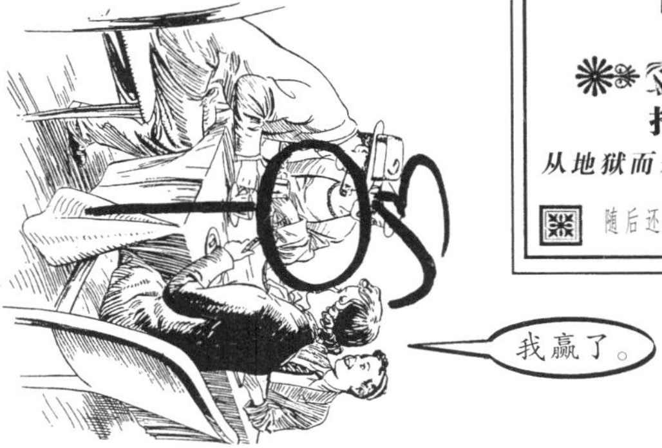
我赢了。

这场辩论的结果，包括库恩的回应，都发表于《批判与认知的发展》（1970）。

“主流概念”的终结

到 20 世纪 70 年代早期，《科学革命的结构》一书被视为一部绝对革命性的著作。根据伊安·哈金（Ian Hacking）所说，《科学革命的结构》导致了以下概念的终结……

现实主义：科学要尝试寻找一个真实的世界；关于世界的真理是真实的，无关于人类如何认定；科学的真理反映着现实的某些方面。

划界：在科学理论与其他种类的信仰体系之间，存在一种明显的区分。

积累：科学是积累性的，建基于已知的东西上——例如爱因斯坦对牛顿的归纳。

观测者 - 理论（Observer-theory）差异：在观察报告和理论命题之间，存在相当明显的对比差异。

奠基：观测与实验为假设与理论的证明提供基础。

理论的推理结构：对理论的检测，是通过从理论假设到观测报告的推理来进行的。

精确性：科学概念都是相当精确的，科学中使用的术语具有固定含义。

发现与证明：发现与证明处在各自的语境之中；我们应当做出区分，一方面是某种发现的心理学环境或社会环境，另一方面是证明某种信念的逻辑基础，这种信念是关于那个被发现之事实的。

科学的统一性：应该有一种科学是关于这个完整的真实世界的；较为细化的科学可以还原为更加广博的科学——心理学可以还原到生物学，生物学还原到化学，化学还原到物理学。

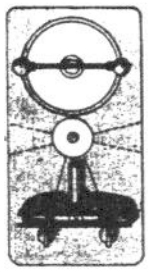

库恩是不是激进主义者？

毫无疑问，库恩关于革命性的科学的说法，激发了 20 世纪 60 到 70 年代许多学术激进主义者的想象力。然而，如果将库恩本人视为一名激进主义者，或将《科学革命的结构》一书视为一部伟大的激进思想作品，那么这种看法无疑是受到了误导。

革命性的科学
库恩其实应当被理解为科学与政治思想中保守精英主义传统的一部分。我们应当看到他在两个历史层面起了作用。
FULLER

1. 第一个层面关乎在政治危机时期（即“冷战”时期）保卫科学的自主性与权威性，该时期见证了对科学日益增长的质疑声，以及对科学采取社会管控的更大呼声。

2. 第二个层面使得库恩从属于保守主义政治思想传统的一部分，它可以追溯到柏拉图（公元前 427—前 347）。该传统不信任公众参与对真理的判定，这些真理是整个社会赖以生存的基础。

大科学的诞生

库恩的科学解释的出现，最直接的层面是冷战的背景。库恩在哈佛大学受训成为一名物理学家，为的是追随牛顿与**阿尔伯特·爱因斯坦**（Albert Einstein，1879—1955）所探寻的伟大自然哲学问题。

Albert E.

可是我作为物理学家的第一项成就，是干扰第二次世界大战时德国的电报信号。

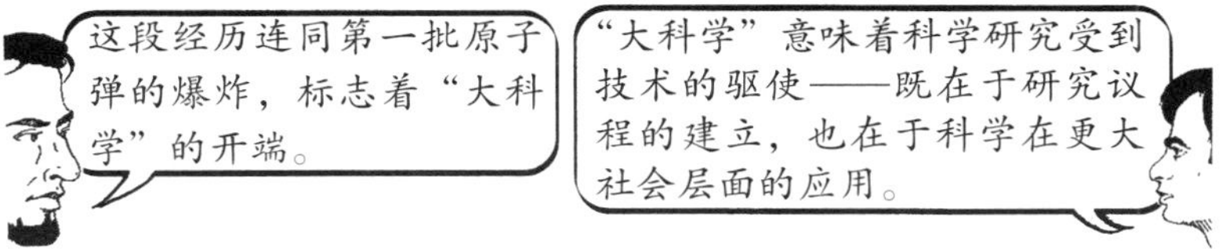
这段经历连同第一批原子弹的爆炸，标志着“大科学”的开端。
“大科学”意味着科学研究受到技术的驱使——既在于研究议程的建立，也在于科学在更大社会层面的应用。

库恩没有对物理学完全幻灭，他在这方面获助于**詹姆斯·布莱恩特·科南特**（James Bryant Conant，1893—1978），哈佛大学校长与美国原子弹计划首席科学管理员。库恩认为科南特是他见过的最聪明的人。科南特在科学项目的通识教育部给库恩找了个职位，为了让美国未来的领导人能对科学研究予以关注。

“野蛮人”科南特

支持大科学

科南特的理念是让学生们透过那些影响了“小科学”的理想，看到他们自己时代的“大科学”计划，“小科学”使得现代自然科学成为了西方文化遗产的一部分。

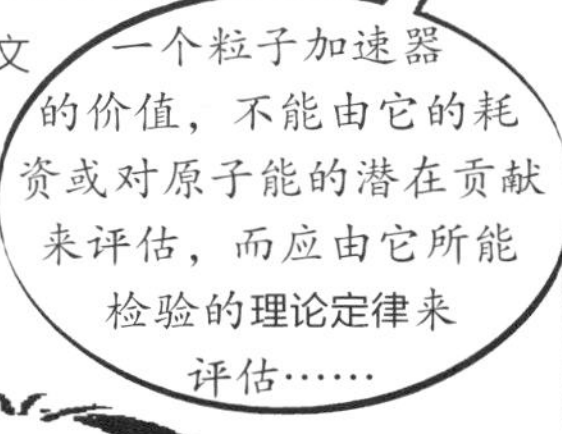
一个粒子加速器的价值，不能由它的耗资或对原子能的潜在贡献来评估，而应由它所能检验的理论定律来评估……

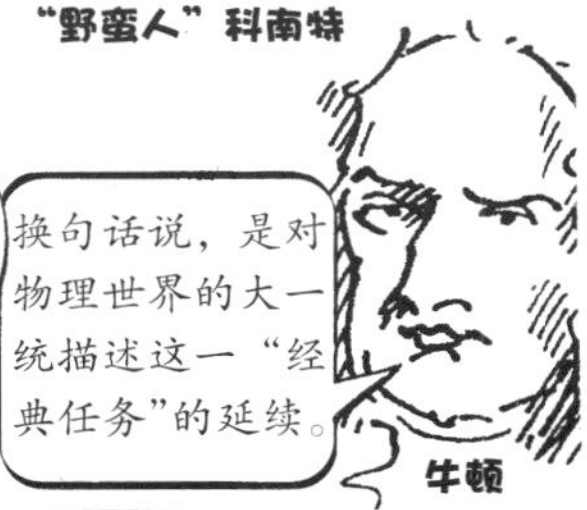
换句话说，是对物理世界的大一统描述这一“经典任务”的延续。
牛顿

通过用这种方式关注学生们的思想，未来的决策制定者们会继续支持科学，而又不会施加过多外在的限制。
库恩

然而，库恩并没有意识到，一种并没有突出其社会、经济或技术影响的关于科学的描述，却会被一些非自然科学家出于他们自己的目的轻而易举地挪用——包括科学学的从业人员！库恩的科学变革模型不知不觉间激励了大批的探究者，这是科南特和库恩都不曾预料到的。

无政府主义者费耶阿本德

保罗·费耶阿本德（Paul Feyerabend，1924—1994）是科学实证主义解释的批评者，他的批判最早、最持之以恒且颇具影响力。尽管他对科学的批判与库恩有些类似，他的观点却激进得多。费耶阿本德生于奥地利，职业生涯非常丰富多彩……

Brecht
我在军队里待过一段时间，与共产主义剧作家贝尔托·布莱希特（Bertolt Brecht，1898—1956）交往过，直到我成为了一名科学哲学家。

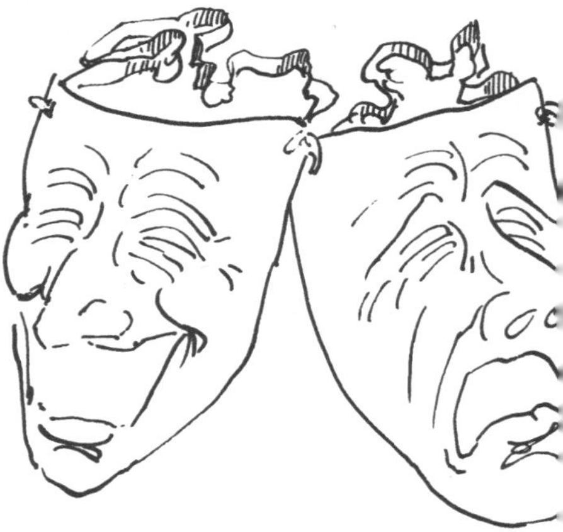

他站在波普尔一方出色地展开论辩。在参加由波普尔及其团队组织的针对库恩的著名学术会议之前，他已经发展出了关于科学的截然不同的观念。

怎样都行

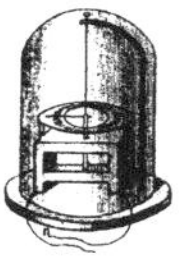

费耶阿本德最核心的思想是“认识论无政府主义”（epistemological anarchism）。在《反对方法》（*Against Method*，1975）一书中，他论证任何科学方法的原则都已经被某些伟大科学家破坏了——伽利略是众多例子中的一个。所以，如果真的存在科学方法这样一种东西，那就只能是——怎样都行。

科学在本质上是一种无政府主义事业。理论上的无政府主义更具有人道关怀，它比法律与秩序这些选择更有可能推动进步。

费耶阿本德通过检验不同的历史时段，通过分析思想与行动的关系证明了这一点。唯一不会抑制进步的原则是——**怎样都行**。

各自为战

对于费耶阿本德来说，科学没有超越其他思想体系的优越地位，例如宗教和魔法。作为一个讲究策略的无政府主义者，他在伯克利大学开设了课程，在课上他邀请了神创论者、达尔文主义者、巫师及其他“真理贩子”来学生面前为自己的观念辩护，广为人知。

在**《告别理性》**（*Farewell to Reason*，1987）一书中，费耶阿本德抨击了科学理性主义的观念。

科学必须从属于公民与共同体的需求。

科学知识社会学（SSK）

科学知识社会学（The Sociology of Scientific Knowledge，SSK）基于这样一个假定：我们的自然理性能力与感知力并不是生产科学知识的充分条件。

还需要什么呢？
研究科学的社会学家在内容、风格、方法、惯例和制度中寻找答案。

起初，科学实际上被排除出了知识社会学。

曼海姆

卡尔·曼海姆（Karl Mannheim，1893—1947）是这门学科的奠基之父，他认为科学知识是普遍的——它的客观性超越了具体的文化源头——因此科学是超出社会学研究范畴的。

科学的精神

第二次世界大战之后，科学社会学的几种类型是在这些限制之下发展出来的。最具影响力的一种，是由美国社会学家 R. K. 默顿（R. K. Merton，1910—2003）提出的，他将著名科学家的规范性声明加以系统化。

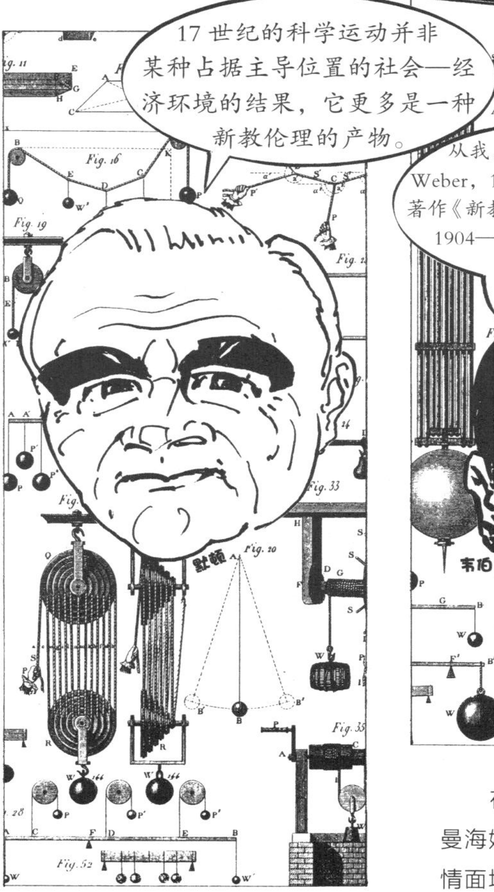
17 世纪的科学运动并非某种占据主导位置的社会—经济环境的结果，它更多是一种新教伦理的产物。
默顿

从我，马克斯·韦伯（Max Weber，1864—1920），以及我的著作《新教伦理与资本主义精神》，1904—1906）这里，他借用了这个概念。
韦伯

在 20 世纪 60 年代晚期，曼海姆的诘难被“强纲领”不留情面地推翻了。

“强纲领”

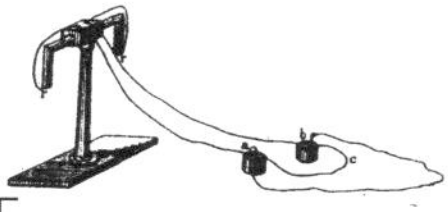

“强纲领”始于爱丁堡大学，它是一种倡议，在总体上试图为C. P. 斯诺（C. P. Snow，1905—1980）称为“两种文化”的东西搭建起桥梁。在战后的英国，科学家与艺术人文方面的专家都不再彼此沟通了。

“强纲领”的一个关注点，是让科学家更易于接受社会科学家所关注的问题……
“强纲领”的目标是让科学家对社会和文化环境变得敏感，他们的成果正是在这些环境下产生并又影响着环境。
斯诺

“强纲领”的创始人之一，大卫·布鲁尔（David Bloor），在**《知识与社会意象》**（*Knowledge and Social Imagery*，1976）一书中摆出了两个基本问题：

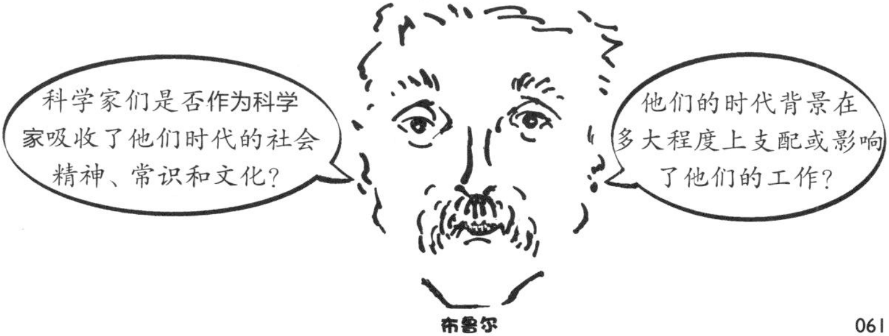

科学家们是否作为科学家吸收了他们时代的社会精神、常识和文化？
他们的时代背景在多大程度上支配或影响了他们的工作？

布鲁尔

科学知识社会学的基础

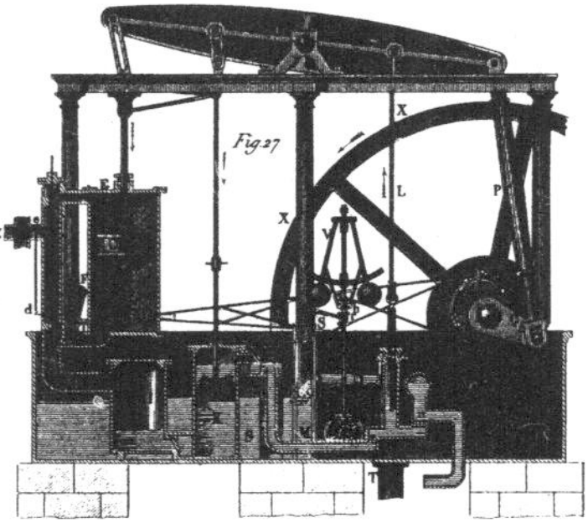

“强纲领”的支持者们主张科学知识社会学具备四种基本元素：

1.SSK 能发现创造知识状态的条件——经济的、政治的、社会的以及心理学的。

2.SSK 在挑选研究课题方面是不偏不倚的。它对真知识和假知识的强调，对科学的成功和失败的强调是相同的。

3. 在解释科学知识的范例方面，SSK 是前后一致的（或者说它会使用“对称性”）。例如说，它并不会用社会学原因去解释一个“虚假”信条，或是用理性主义原因去解释一个“真实”信条。

4.SSK 的解释模型本身适用于社会学自身。

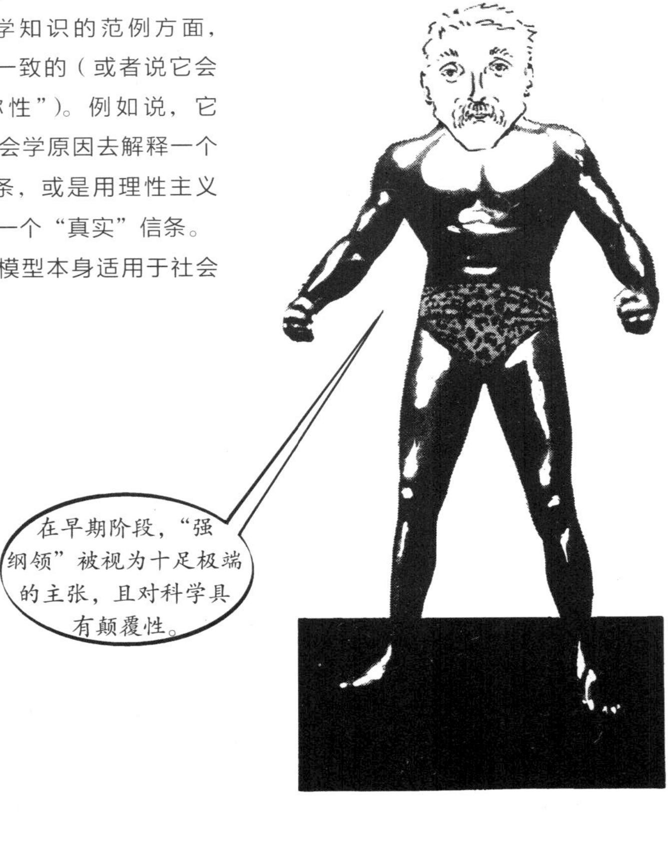

在早期阶段，“强纲领”被视为十足极端的主张，且对科学具有颠覆性。

作为社会建构的科学

某些科学社会学家主张科学是**“受社会建构”**的，而非由世界或某些外在的“物理现实”所决定。这些学者被称为“建构主义者”。建构主义者研究科学的特定历史时段或当前时期。他们也会在实验室里开展“田野调查”。

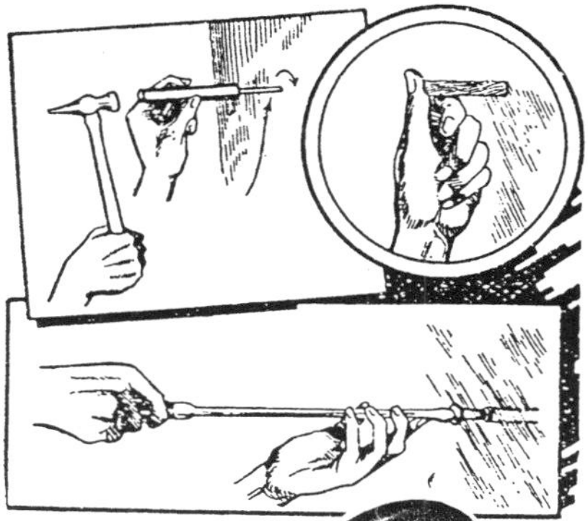

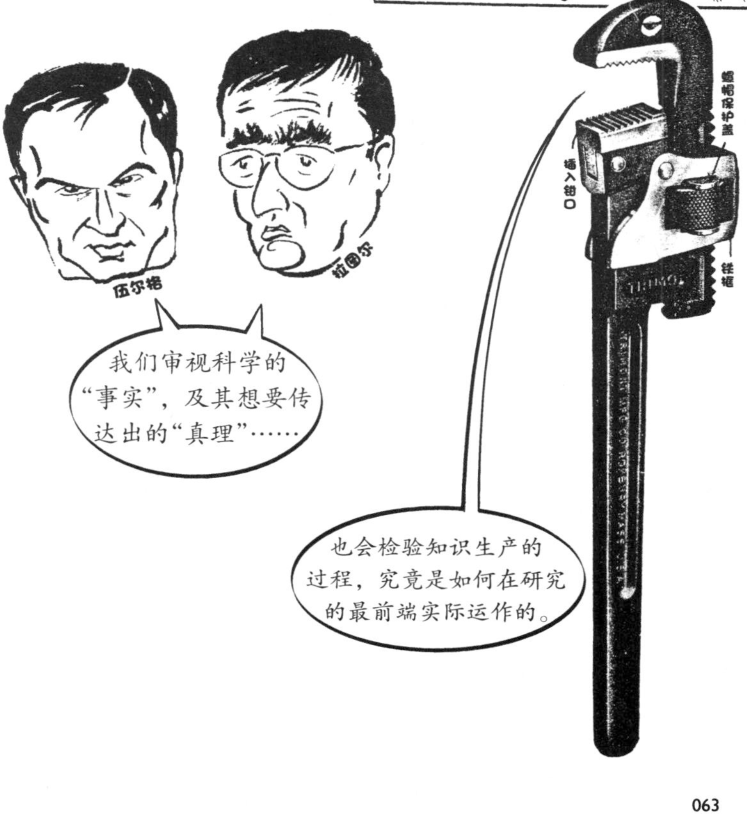
伍尔格
拉图尔
我们审视科学的“事实”，及其想要传达出的“真理”……
螺帽保护盖
插入钳口
铁框
也会检验知识生产的过程，究竟是如何在研究的最前端实际运作的。

现实的影响

最著名的建构主义研究是**《实验室生涯：科学事实的社会建构》**（*Laboratory Life: Social Construction of Scientific Facts*，1979；1986），其中布鲁诺·拉图尔（Bruno Latour）与史蒂夫·伍尔格（Steve Woolgar）检验了一个问题的详尽历史：促甲状腺素释放因子（激素），或简写为 TRF（H）。拉图尔与伍尔格表明 TRF（H）所具有的含义和意义是根据它所在的**语境**决定的。

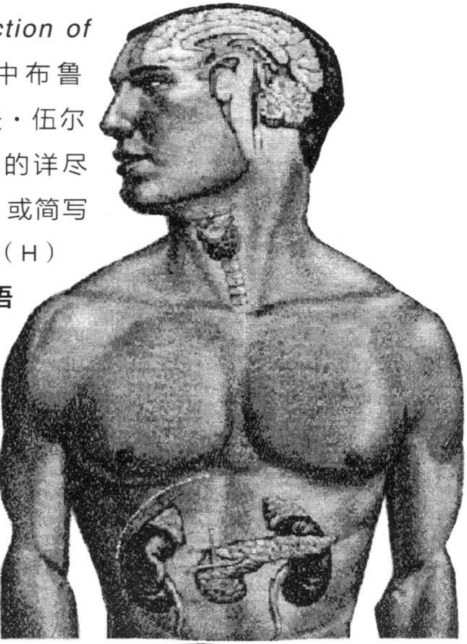

对于每一个专家团队，它都具有一个不同的含义——医师、内分泌学家、研究人员和研究生，他们将它用作生物测定的工具。

对于那些将整个职业生涯用来研究它的专家来说，TRF（H）代表一个分支学科。
但在这个学科网络之外，TRF（H）并不存在。
拉图尔
伍尔格

拉图尔和伍尔格还主张从命题到事实的转换是可以反过来的，也就是说，现实同样可以被解构。现实并不能解释为何一个命题成了事实，因为只有当一个事实被构建出来，**现实的影响**才会为人们掌握。

客观性的建构

在拉图尔和伍尔格的研究之前，伊安·米特罗夫（Ian Mitroff）的**《科学的主观面》**（*The Subjective Side of Science*，1974）检验了一些科学家的见解，以及他们珍视的理论和发表成果，这些科学家对“阿波罗 11 号”带回的月岩进行了分析。

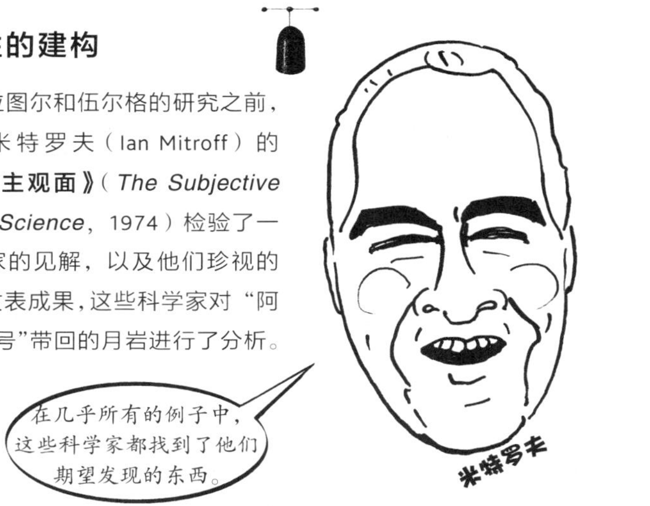
在几乎所有的例子中，这些科学家都找到了他们期望发现的东西。
米特罗夫

呃……这是一块岩石，不是吗？

米特罗夫不情愿地总结道：科学客观性不过是一个由社会建构出来的字谜而已。

科学部落

在卡琳·诺尔－塞提娜（Karin Knorr-Cetina）的开创性著作**《知识的制造》**（*The Manufacture of Knowledge*，1981）一书中，她研究了实验室中的科学家，正如研究丛林中的部落一样。

……当我观察实验室中知识生产的过程时，我发现了工作中的一种机会主义逻辑。科学方法其实是一种局部情境化、局部增殖化的实践形式，而不是某种非局部的普遍性范式。它是视环境而定的（context-impregnated），而非与环境无关的。这可以被视作根植于局部性社会行动的标志，正如生活的其他形式一样。
7月20日，星期四
诺尔
塞提娜
所有这些都指出了一个疑问：所谓价值中立的“客观事实”这样的东西，真的存在过吗？

建构主义 vs.“强纲领”

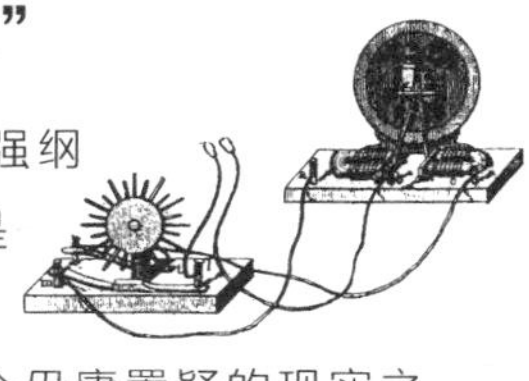

社会建构主义者与“强纲领”支持者之间的差别是什么呢？不同于建构主义者，“强纲领”接受一个毋庸置疑的现实之存在，这种现实已经在科学中得到了成功的探索。正如巴里·巴恩斯（Barry Barnes）、大卫·布鲁尔（David Bloor）与约翰·亨利（John Henry）在**《科学认知》**（*Scientific Knowledge*，1996）一书中说明的：

我们的立场一向是：“经验”与现实就在那里，这一点是不言自明的。
没有哪种完备的社会学能将知识展现为一场幻想，仿佛它与人类的自然世界经验毫无关系似的。

负载理论的观测

建构主义者继而提出这样的观点：科学家们并不是孤立地做出观测，而是在一个定义完备的理论内部进行观测。这些观测以及与之并行的数据收集工作，都是被设计过的，它要么用来反驳一种理论，要么为之提供支持。

还有，正如库恩已经表明的那样，理论存在于范式之内。观测本身只在特定的理论之内才具有效力。
爱因斯坦
因此，所有的观测都是负载理论的。理论本身建基于范式，而范式也相应地承担着文化的重负。

“传统”的语境

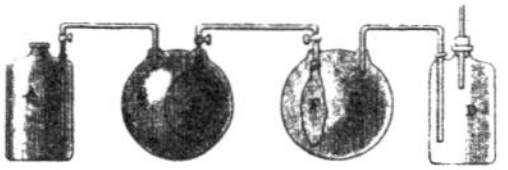

“强纲领”的拥护者们论证说，负载理论的并非科学中的观测本身，而是这些观测的报告。一次观测如何报告，取决于科学家工作于其中的**传统**。对一次观测的解释包含着对于传统资源的运用。

两位在不同传统中工作的科学家或许会发现相同的东西，但他们报告和解释同样结果的方式不同。
根据爱丁堡学派，理论并非一成不变的。理论也不能被认定为一系列固化的命题。
牛顿

以伟大科学家为名的理论之间的联系——如“牛顿理论”“爱因斯坦理论”——制造了这一假象。更好的方式是将科学理论理解为**进化中的制度**。仔细检验一下“孟德尔理论”，我们会知道自从孟德尔第一次构想出这一理论后，又有过多少迂回曲折。

女性主义批判

科学的女性主义研究是与SSK，还有学界之外对科学的激进批评平行发展的。它已经揭示出，对定量测定、变量分析以及对不带个人色彩的、过度抽象的、概念化构想的关注，既是一种显著的男性化倾向，也恰恰隐藏了其中的性别化特性。

数学、抽象思想、客观性标准、科学方法的建构，以及科学理性主义的工具化本性，给这些东西赋予优先性的行为都基于理想男子气概的理念。
女性主义批判最早始于探索与女性参与科学有关的问题。

科学中的女性

科学系统性地将女性边缘化，并低估了其贡献。性别的刻板偏见实际上始于婴儿时期，并在童年、青年和成年时期逐渐累积起来。刻板偏见使得女性在接受某些类型的思考和运动机能方面受挫，使得男性受到激励，而这些思考与机能对于科学、数学和工程学技能而言是必要的。

琼·利奇
匹兹堡大学

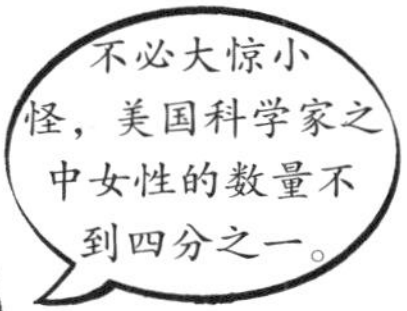
不必大惊小怪，美国科学家之中女性的数量不到四分之一。

“女性争取进入科学的努力，类似于她们争取进入神职机构的努力。基督教徒在传统上认为上帝创作了两部著作：《圣经》与自然，两部均是‘圣言’的传达。在过去两千多年来的大多数时间内，对《圣经》的研究被视为一项只适合男性的任务。对上帝的‘另一部著作’自然的研究也是如此，很长时间以来被视为在本质上属于男性的活动。正如女性必须为了能成为神学家和牧师而奋斗一样，她们也必须与‘科学的教堂’相较量才能成为科学家。”

玛格丽特·沃特海姆（Margaret Wertheim），**《毕达哥拉斯的裤子》**（*Pythagoras' Trousers*，1995）作者。

又是那句话？“男人必统治地球？”

女性在科学中的隔离

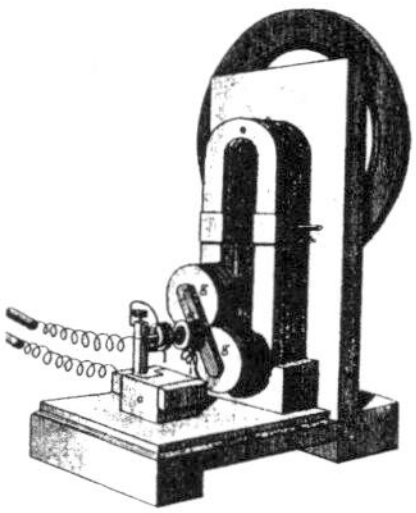

女性选择将科学作为一种职业始于 1820 年到 1920 年之间。在这段时期的美国，女性对科学的参与增长了成百上千倍。但这种增长是有代价的。

到 1920 年，这一模式已经被充分地建立起来。尽管受到女性主义者们的抗议，女性后来在科学中的经历在划定的范围内受到了抑制。她们被限制在了例如“家政学”和“化妆品化学”之类的领域内。拓展到新领域受到了限制。

实验室中的隐形女性

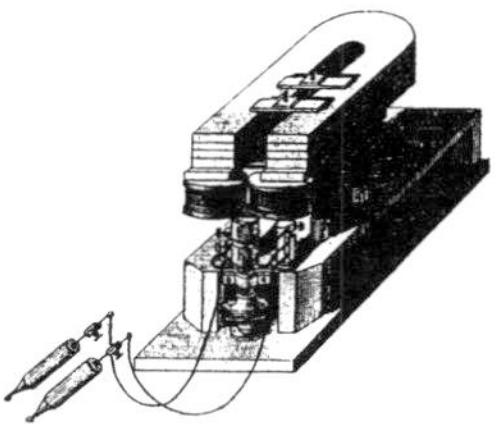

如今，大多数女性科学家主要处在科学事业中较低的阶层中，她们在实验室里做着普通职员式的工作。极少有女性科学家管理着自己的实验室，她们很少获得能够开展独立研究的资源。在大多数情形下，与男性所获得的类似成就相比，她们的成果都被系统性地低估了。

许多研究都显示了，女性所做出的科学成果对男性是隐形的……
甚至当这些成果很难与男性的成果客观地区别开时，情况也是如此。

以更高标准为名义驱逐女性，是一种使女性远离科学的方式。

男性中心主义科学

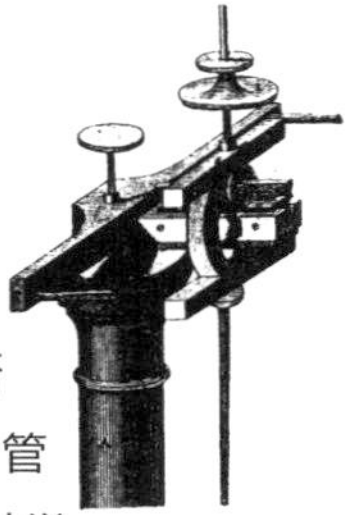

性别偏见是否只是一个对科学的管理问题——抑或在科学自身之内有一种根深蒂固的因素歧视着女性？科学的女性主义学者认为，科学的内容其实内在地就是反女性的。

生物科学的关注点是竞争，而此种生命观由维多利亚时代的男性发展而来——达尔文及其同时代人。这两者之间不无关系。

从业者的性别有助于塑造科学的内容。
沃特海姆

“女性进入科学领域，也有助于通过关注合作的作用从而带来平衡。科学的内容如果仅仅反映单个社会群体的利益和经验，它将会是糟糕的。女性没有成为科学家的原因之一，恰恰在于她们发现科学的大部分内容与她们的生活无关。”

桑德拉·哈丁（Sandra Harding）是特拉华大学哲学教授，著有颇具影响力的**《女性主义中的科学问题》**（*The Science Question in Feminism*）一书。关于科学中如何充斥着“男性中心主义”的烙印，她提供了一种见解。只需考虑一下，比如，解释当今人类行为根源的传统进化论。西方的、中产阶级的社会生活——男人外出干男人们该干的活，而女人困在厨房，照料婴儿——其根源可以追溯到“男性是狩猎者”这种固化的关联之中。

哈丁
人类进化的早期阶段，女性是采集者，而男人外出狩猎，把肉带回来。

这一理论是基于琢石的发现，据说这能提供证据来证明男性发明了工具，用于狩猎和准备游戏。

翻到下一页，你将看到另一种观点。

作为供应者的女性

但你可以用不同的文化视角看待这些相同的石头。我们知道，在现存的文化之中，女性才是一个团体中的主要供应者。你可以论证说，这些石头是女人们使用的，用来屠杀动物、切碎肉块、挖掘根茎、剥开种荚，或是锤烂并软化根茎，使其可供食用。

你现在得到了一个完全不同的假说……
这样一来，整个进化论的方向都改变了！

科学中的其他发展——例如智商测试、行为调节、胎儿研究以及社会—生物学的兴起——同样也可以用类似的逻辑进行分析。

更多女性进入科学领域

公平地描述科学中的女性能改变什么吗？首先，它会产生明显的经济效益。

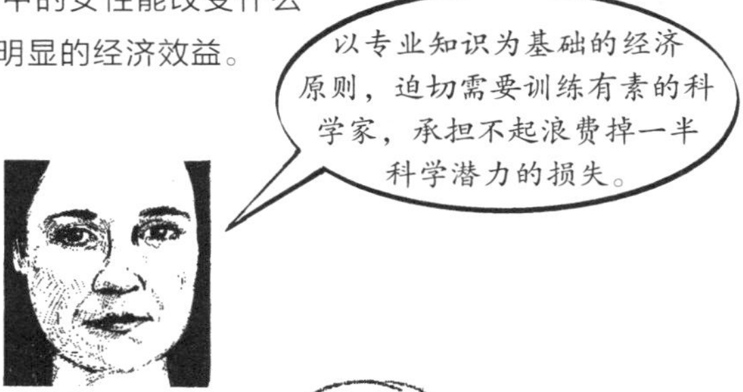
以专业知识为基础的经济原则，迫切需要训练有素的科学家，承担不起浪费掉一半科学潜力的损失。

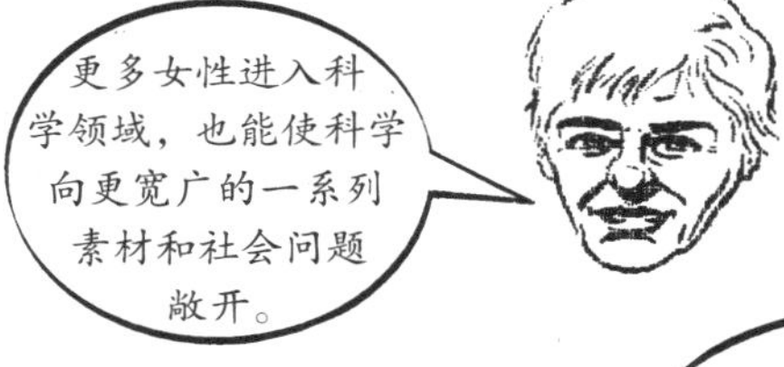
更多女性进入科学领域，也能使科学向更宽广的一系列素材和社会问题敞开。

例如，第三世界问题将会得到更大的重视，以及更多的研究支持。

但女性主义的批判要深刻得多。

强客观性

桑德拉·哈丁认为，女性将会带来一次转变，即从传统客观性科学方法到她称之为“强客观性”的转变。

强客观性要求科学家们在描述和解释科学研究的题目时，应当考虑“外行”的视角……
边缘
社会科学家
环保主义者
家庭主妇
非西方文化

强客观性将会导致立场认识论，它利用那些被制度性权力所边缘化的社群提出的基本问题，来改造研究与知识的生产。

对于人类社会经验，即边缘团体成员对自身生活的叙述来说，女性主义分析并非某种文化中立的阐述，而是对它们的理论化反思。边缘化经验，以及边缘化的民众所叙述的东西，对于那些可以被问出的关于自然、科学和社会关系的新问题而言，乃是重要的指导。

这些问题产生于一种断裂，断裂的一方是边缘化群体的利益及意识……
另一方是主流观念体系组织社会关系的方式，包括科学和技术变革的方式等。

立场认识论主张从边缘化的生活开始，对制度化权力不平衡进行监督。这就为形成新的问题提供了一个批判的锋芒。每个人对于制度性权力及其影响的认识由此得到了扩展。女性主义的科学和技术研究着手做的正是这样的研究。

负有责任的理性

依照类似的理路，希拉里·罗斯（Hilary Rose），英国科学学名宿，**《爱，知识，权力》**（*Love, Knowledge, Power*，1994）一书的作者，提出了“负有责任的理性”（responsible rationality）观念，以此在科学的客观性内恢复关怀。

在“客观性”和“理性主义”的旗帜下，生命科学一直都在自然和等级上构建差异。我们女性主义者要挑战这一点，这很重要。
科学的高等领域
THE ACADE

生育劳动

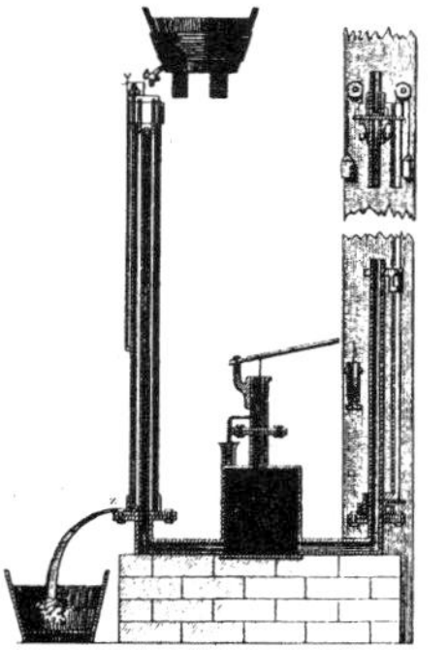

在激进的 20 世纪 60 年代和 70 年代，文化的关注完全投入到生产活动之中，但一个核心性的女性主义项目是去强调人类的生育。该项目中，有带有庆贺性的本质主义版本，以及马克思主义化的女性主义版本，后者将性别差异植根于**生育劳动**的分工中。本质主义者和马克思主义化的女性主义者都共享同一个生物—社会观点，即具备依赖性的人类（尤其是小孩子）需要爱或关怀理性，以此才能生存。

两者都有了，古老的科学理性建构之中，那种排除爱与责任的能力被削弱了。
由此，婴儿的概念既不再独属于生物学范畴，也不再独属于社会学范畴，而是两者都有。

如果占据 21 世纪主流的科学技术要重塑自身，以使“社会”和“科学”都能够存活下来，那么这样的削弱是至关重要的。环保主义者关注于为社会学体系辩护，他们也处于非常类似的境地。

后殖民科学批判

和女性主义学者一样，后殖民批评家认为，真正的变革只有通过根本性转变才能出现，即关于科学中的概念、方法和解释的转变——一种对于科学发现逻辑彻底的重新定位。

除了女性主义学者之外，后殖民批判基本上为主流科学学所忽视了。

只有到了 20 世纪 90 年代之后，当该类批判的产出质量与数量大到无法再忽视时，后殖民科学学才开始对西方科学学产生影响。

后殖民科学学有三个非常特别的分支……

批判性学术研究，探索科学与帝国之间的联系，在西方科学之上发展出了非西方的位置。
经验性学术研究，目标是重新发现非西方文明和文化的历史。
常态性学术研究，试图发展出对原存科学(indigenous sciences)的当代探讨。

科学与帝国

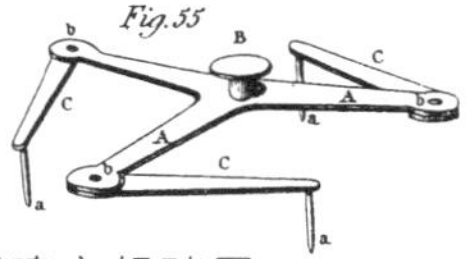

后殖民科学研究试图建立起殖民主义——包括新殖民主义——与西方科学的进步之间的联系。例如，印度科学哲学与历史学家迪帕克·库马尔（Deepak Kumar）在他的几部著作中，试图论证英国在印度的殖民对欧洲科学发展起到了重要作用。

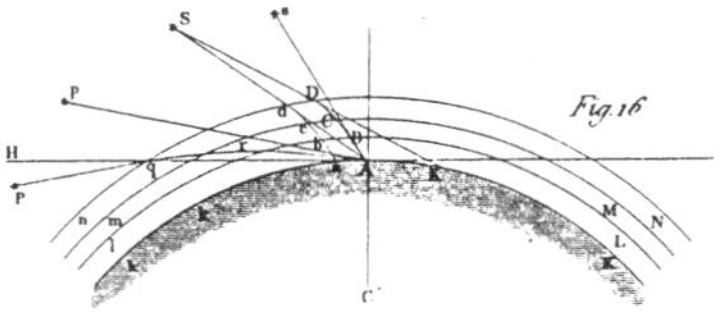

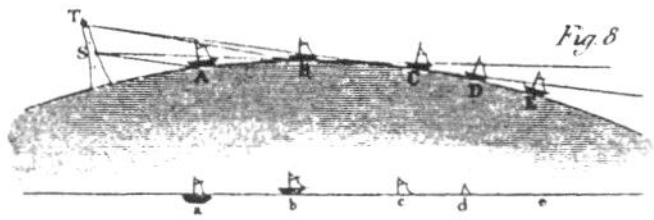

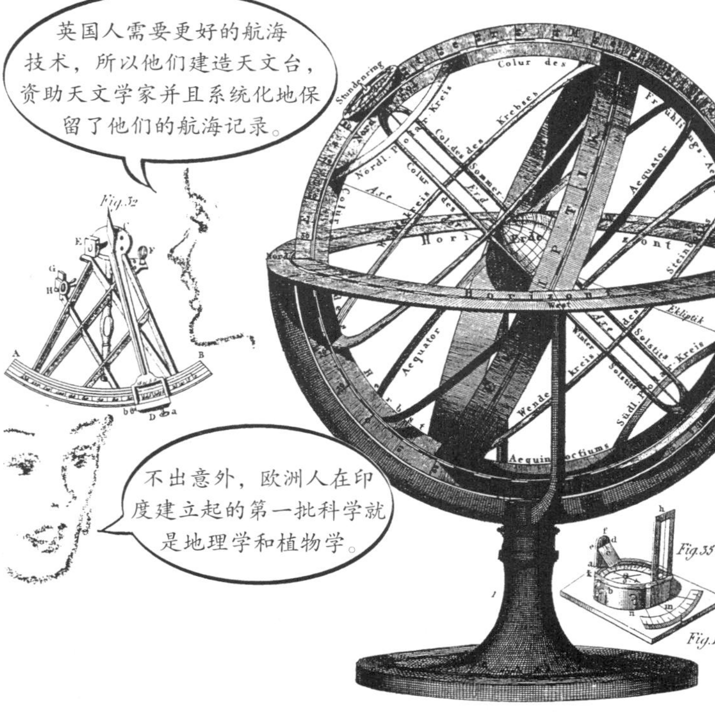
英国人需要更好的航海技术，所以他们建造天文台，资助天文学家并且系统化地保留了他们的航海记录。
不出意外，欧洲人在印度建立起的第一批科学就是地理学和植物学。

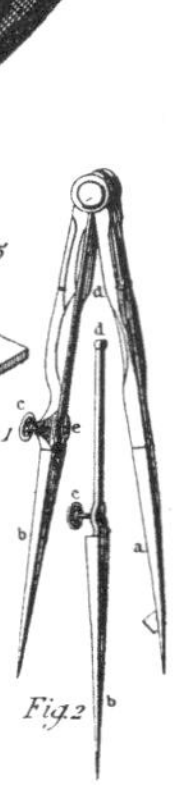

在整个英国统治印度时期，英国科学的进步主要是因为英国军事、经济和政治需求，而不是因为所谓更强大的科学理性，或是科学家们声称的致力于对无功利性真理的追求。

考虑一下帝国理工学院的格言：

它也是一把利剑。

科学与帝国一起发展成长，彼此之间相互提升和支持。事实上，我们可以将许多科学机构的建立追溯至欧洲开始帝国开拓的时代。伦敦和利物浦的热带医学学院建立于 1899 年，其唯一目的只是为了助力帝国的建造者。

热带医学专注于欧洲人得的热带疾病。

“热带疾病”研究并不包括所有的热带疾病，只包括与英国利益相关的那些。
热带疾病

只有当它在 1918 年扩展到了土著人那里之后，地方病和营养不良才被发现。热带农作物基本都是些经济作物。

帝国地理学

东印度公司的政治野心使得一套完整的地理知识变得有必要——因此对印度的地质学调查得到了英国政府的最大资助。在 1856 年完成后，它被描述为“帝国的常识”的代表，并用于论证印度殖民地化的合理性。

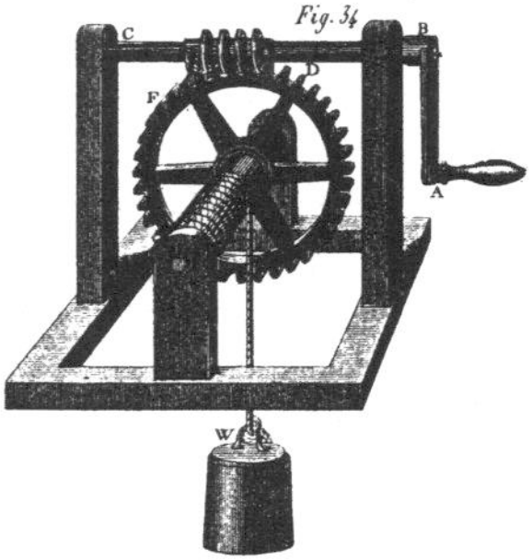

一半的调查都是致力于对煤矿的研究——因为那才是英国人感兴趣的。

在埃及与苏丹，英国人长期忽视了血吸虫病——现在它被认为是这些区域的主要地方病。

1940 年之前，在殖民地并不存在科学教育。本地人被认为在本性上是落后的，他们做着技师和实验室助手的工作，但从不会获得作为医生、科学家或研究者的资格。

殖民主义之下发生了什么？

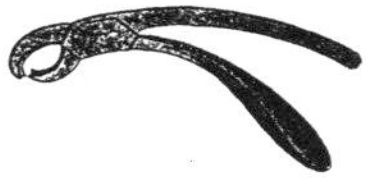

科学对于殖民时代的非西方科学采取了特定的政策。西方科学家估计，没有别种科学能发现引力定律或抗生素，只有西方科学可以发现所有的自然法则。他们实施一种对非西方及原存科学进行无情压制的政策。

特别地，西方科学盗用并综合了非西方科学，却并没有予以相应的承认。前哥伦布时代几乎为每一个欧洲环境生态区提供了马铃薯的农业，却成为了欧洲科学的一部分。阿拉伯和印度文化的数学和天文学成就提供了另一个例子。伊斯兰医学几乎遭到了完全的盗用。磁针、方向舵、火药和其他许多对欧洲科学有用的技术来自中国。地方地理、地质、动物、植物、分类体系、医学、药理学、农业和航海技术等知识，都来自非欧洲知识传统。盗用并剽窃了非西方知识后，西方科学对这些知识进行了再利用，将其据为己有。

非西方科学不再为人所见——通过把它们剔除出历史书这一方式。这一切发生于启蒙时代，例如法国**哲学家**正是在此时创作了他们伟大的百科全书。古老的古典时代与文艺复兴之间那段时期什么都没有发生，被命名为“黑暗时代”。

西方的偏见贬低、侮辱进而无情地压制了非西方科学。在殖民地，任何与原存科学和研究相关的事物都是非法的。例如在阿尔及利亚和突尼斯，法国将用伊斯兰医学治病的行为定性为犯罪，可判处死刑。事实上，确有无数的伊斯兰医生被处决。在印度尼西亚，荷兰关闭了所有进行高等研究的大学和机构，本地人受教育被判定为非法。

伊斯兰科学经验史

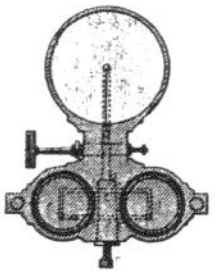

后殖民科学学开始于对伊斯兰、印度和中国文明史的经验研究。在20世纪60和70年代，从伊斯兰科学史的原始著作可以看出，穆斯林文明的科学成就有多么璀璨——无论是在深度还是在广度方面。乔治·萨尔顿（George Sarton）在其所著**《科学史导论》**（*Introduction to the History of Science*，1927）中已经提出了这样的观点。

但是伊斯兰科学的历史得以恢复原貌，是通过福阿特·赛斯金（Fuat Sezgin）关于伊斯兰科学意义深远的著作《阿拉伯文献史》（1967）……
还有与拉什德·拉希德（Roshdi Rashed）一起工作的法国学者们的努力。

从那以后，许多学者的研究，包括土耳其学者伊赫桑诺格鲁（Ekmeleddin Ihsanoglu）关于奥斯曼科学的作品建立起了这样的观点：如果脱离了伊斯兰科学，我们无法想象如今所知的科学。

印度与中国科学

随着A.拉曼（A. Rahman）的文献工作以及D. M.博斯（D. M. Bose）、S. N.森（S. N. Sen）与P. V.沙尔玛（P.V. Sharma）编纂的**《印度科学简史》**（*A Concise History of Science in India*，两卷本）的出版，印度科学经历了一次类似的复兴。

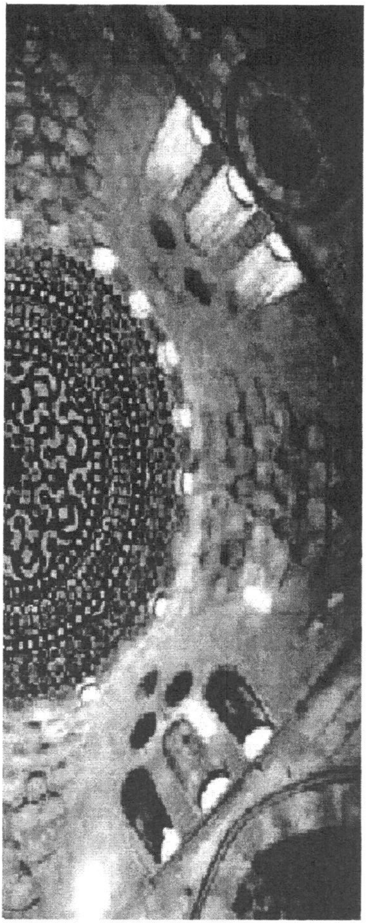

中国科技史的地位出现了类似的提升，这源于李约瑟（Joseph Needham）的**《中国的科学与文明》**（*Science and Civilisation in China*，七卷本，1954），例如何丙郁的《理、气、数：中国科学和文明概要》（*Li, Qi and Shu: An Introduction to Science and Civilization in China*，1985）等中国本土著作都建基于该书。

对文明科学的重新发现

最后，后殖民科学学术研究试图在**当代**重新建立伊斯兰、印度或中国科学的实践。例如，存在一套对于当代伊斯兰科学的完整探讨，致力于探索某种建基于伊斯兰的自然概念、知识与价值观的统一性和公共利益等之上的科学应当如何塑造。

弥达斯
哎呀，变成金子了！
在我的《弥达斯之触》（*The Touch of Midas*, 1984）一书中，伊斯兰科学的一种当代概念第一次得到了发展。之后这个概念在《伊斯兰科学探索》（*Explorations in Islamic Science*, 1989）一书中得到了详细阐释。

伊斯兰科学的体系框架

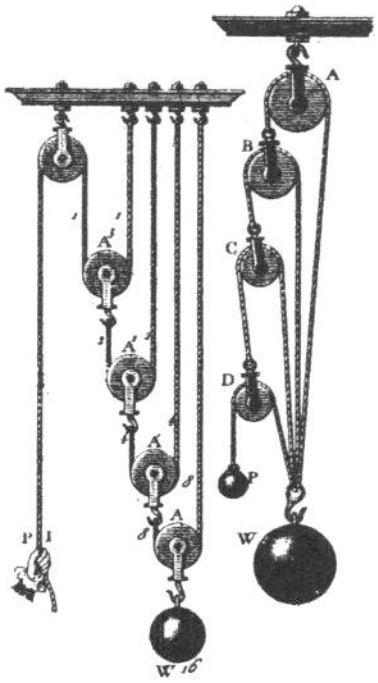

当代对伊斯兰科学的重建基于一组概念矩阵，它源于《古兰经》。这些概念产生了伊斯兰科学文化的基本价值观，并且形成了一种界限，科学是在这个界限内进步的。一共有十个这样的概念，其中有四个独立概念以及三组对立概念。

tawheed（认主独一，unity）

khalifah（托管，trusteeship）

ibadah（崇拜，worship）

ilm（知识，knowledge）

积极			消极
	halal（值得称赞，praiseworthy）	**haram（应受批判，blameworthy）**	
	adl（社会公正，social justice）	**zulm（暴政，tyranny）**	
	istislah（公共利益，public interest）	**dhiya（浪费，waste）**	

当它被翻译为价值观时，这个概念体系也完全接受了科学探究的本质。
这个体系综合了事实与价值，并使得一种认知体系制度化了，它是建立在义务与社会责任上的。
阿威罗伊，穆斯林哲学家

认主独一（Tawheed）与托管（Khalifah）

这些价值观是如何塑造科学与技术实践的呢?

通常而言,“认主独一”的概念被翻译为“神的统一性”。这种统一性被认定包含着人性的统一、人与自然的统一以及知识与价值的统一，它成为一种包容一切的价值。

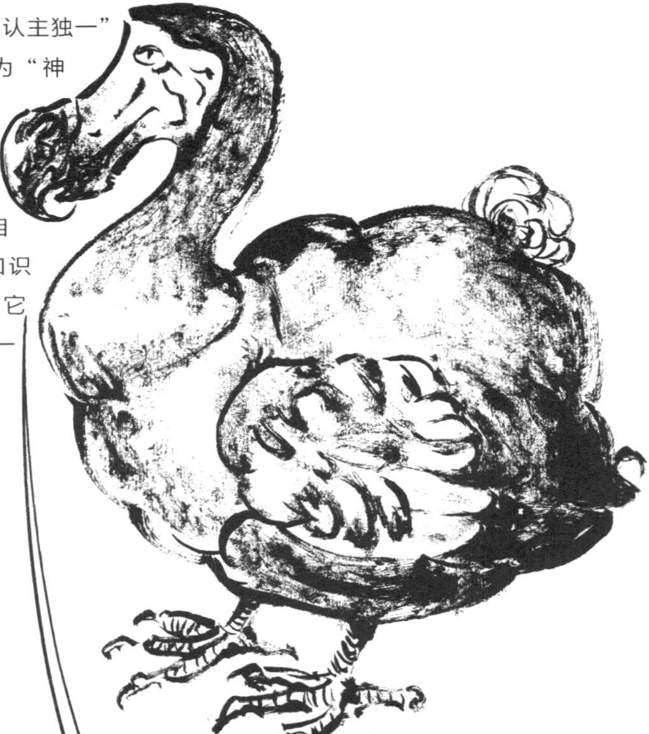
从“认主独一”之中，出现了“托管”概念：人并不独立于神，他们在科学和技术实践方面对神负有义务和责任。

“托管”意味着“人”对于任何事物都不具备独有的权利，他有责任维持和保存自己尘世旅程的完善性。

崇拜（Ibadah）：非暴力性的沉思

但正是因为知识无法通过对自然的完全开发而求得，人并没有被简化为一个被动的观测者。恰恰相反，崇拜（Ibadah）是一种义务，因为它导向对于“认主独一”和“托管”的领悟。正是这种沉思成了使科学实践和伊斯兰价值观系统一体化的因素。崇拜，或称对神之统一性的沉思，有许多表现，在这些表现中对知识的追求是最主要的。

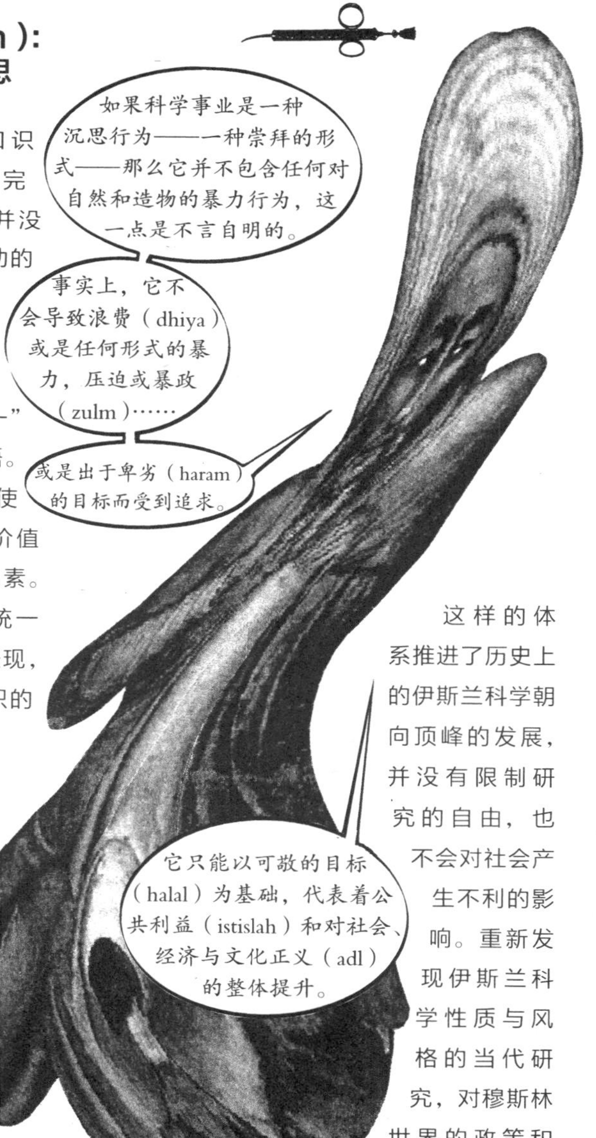
如果科学事业是一种沉思行为——一种崇拜的形式——那么它并不包含任何对自然和造物的暴力行为，这一点是不言自明的。
事实上，它不会导致浪费（dhiya）或是任何形式的暴力，压迫或暴政（zulm）……
或是出于卑劣（haram）的目标而受到追求。
它只能以可敬的目标（halal）为基础，代表着公共利益（istislah）和对社会、经济与文化正义（adl）的整体提升。

这样的体系推进了历史上的伊斯兰科学朝向顶峰的发展，并没有限制研究的自由，也不会对社会产生不利的影响。重新发现伊斯兰科学性质与风格的当代研究，对穆斯林世界的政策和科学内容都会有巨大影响。

重新发现印度科学

对于印度科学的类似探讨出现于20世纪80到90年代。此现象与数不尽的学术和激进组织之间有着很强的联系，这些组织参与了定期举行的印度传统科学与技术大会。

如果房子只能用水泥和钢铁建造，那么我们或许想不出办法给所有人提供住处。
但如果能把我们民族传统上使用的各种各样的材料和技术算进来，情况就完全不同了。

有各种各样经过检验的药物、实践和法则，它们是在我们的社会中土生土长的。如果我们把这些算进来，那么医疗阵线的资源条件或许不会表现得像如今这样暗淡。

用两条腿走路

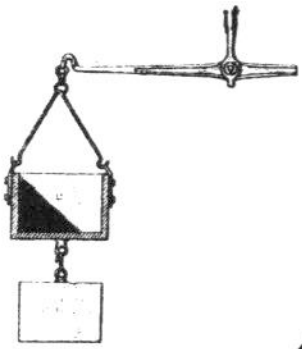

我们的农民过去使用各式传统材料和技术来确保土地的肥沃、防治虫害、保证高产率，如果把这些加入我们所掌握的资源清单……
那么用一种在生态学和经济学上可靠的方法来充分提高食物产量这件事的前景，将不会像今天这样令人气馁。
IKS
印度知识体系中心
来自传统印度科学的现实问题解决方法
我们认识到印度人民拥有各种各样的技能和知识。如果它们得到正确的理解与认识，那将会对生产活动和工作做出重大贡献。

印度一直苦于受到“资源匮乏”的严重制约，因为它并未意识到本土、传统资源根基的存在。此前，“资源”只涵盖某些特定的材料、程序、技能和理论，它们都是西方在完成了彻底的现代化与国际宰制后所使用的。把印度只限制在这些选项上，就像参加一场把两腿绑起来的跑步比赛一样。

准备……
稳住……
走！

西方的自然观

对科学的后殖民批判主要关注其对于自然、宇宙、时间和逻辑的基本假设。正如印度学者阿希斯·南迪与克劳德·阿尔瓦雷斯（Claude Alvares）这样的后殖民批评家所说，所有这些假设都是**种族中心主义**的。

在现代西方科学中，自然被视为是具有敌意的、一种要受到统治的东西。在从中世纪到现代思想，从封建主义到资本主义，从托勒密到伽利略天文学，从亚里士多德到牛顿物理学的转变间，西方对“自然的祛魅”是一个至关重要的因素，

克劳德·阿尔瓦雷斯
在这幅图景中，人类独立于自然之外，处在一个更高的层级，准备去征服自然。

自然在“酷刑”下交出了她的秘密。
弗朗西斯·培根爵士

其他自然观

这种自然观与其他文化及文明视角下的自然形成了鲜明的对比。例如在中国文化中，自然被视为一种自发的自组织实体，它将人类作为一个完整的部分包括在内。在伊斯兰文化中，自然是一种被托付的东西，它应当受到尊敬和耕耘。人类与环境是一个连续体——一种结合起来的整体。

现代西方科学的“自然法则”概念取自两处，一为犹太—基督宗教信仰，二为专制主义政治观念，后者出现于中央集权下的早期现代欧洲。
米开朗基罗

宇宙是一个巨大的帝国，受到“神圣逻各斯”的统治，这一看法在中国人和印度人看来是难以理解的。
南迪
在这些传统中，宇宙是与人类直接相关的东西，它会对人类所关切的事物做出回应。
人类
大自然母亲

假设塑造科学

与此类似，现代科学将时间视为直线式的，而其他文化则将时间看作循环式的，例如印度教，或者像伊斯兰教的观点，认为时间是一张挂毯，将现在与永恒时间一道织入未来。

Aris
现代科学的运作基于亚里士多德逻辑的“要么 / 要么”（either/or）……

X要么是A，要么不是A。

在印度教中，逻辑则可以是四重甚至七重的。

X既不是A，也不是非A（non-A），也不是既A又非A，也不是既非A又不是非A。

印度的四重式逻辑既是象征性的，也是一种认知逻辑，可以不依靠量化而对于普遍的命题做出精确且明白无误的阐述。

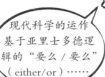

现代科学的形而上学假设，使得它在主要的特征上明显具有西方性。

克劳德·阿尔瓦雷斯

什么被假设为“有效率的”

这些西方科学的形而上学假设在其内容上得到了反映。正如印度物理学家已经证明的那样，对某些科学法则的阐释，是用一种民族中心主义和种族主义的方式表述出来的。在经典物理学中具有核心地位的热力学第二定律便是一个例子。

由于它的工业化起源，第二定律展现了一种对效率的定义，它偏好高温，且偏向于将资源分配给大型工业。
ZZZZZZZZZZZZZZ

按照定义，常温下进行的工作是低效的。

在这个新定义下，自然与非西方世界两者都变成了失败者。比如季风——跨越大洋，运载无数吨的水跨越次大陆——是“低效的”，因为它是在常温下运转的。与之类似，传统手工业与技术被冠以低效之名，受到了边缘化。

基因差异假设

在生物学中，社会达尔文主义是进化论法则的一个直接产物。基因研究执着于解释不同人之间的基因是如何变异的。尽管我们每个人 99.7% 到 99.9% 的基因都是相同的，但基因研究针对的则是极小比例的不同基因，为了发现不同种族特征之间的相关性，例如肤色，以及智力或“惹麻烦的”行为方式。

启蒙的社会压力，常常将科学中的种族主义元素排除在核心问题外。
相信我，我是一个科学家。不，真的……相信我。

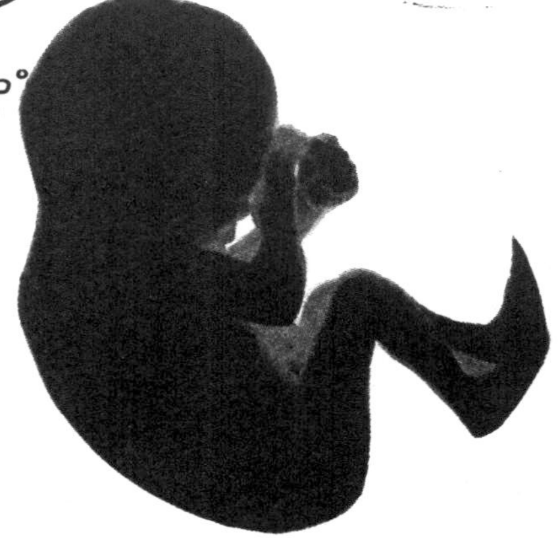
但遗传学内在的形而上学，使得它们以新的伪装形式重新出现。

看看**优生学**是怎样以周期性的规律一再重现的吧！智商测试、行为控制、婴儿研究和社会生物学机制，都是现代科学之中根深蒂固的种族偏见的标志。

科学的种族经济

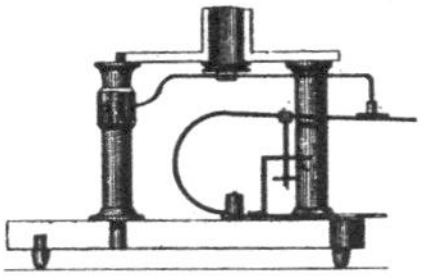

了解了现代科学的欧洲中心主义假设，我们也就不会对这一点感到意外了：科学的裨益很不均衡地分配给了那些已经过度发达的西方群体，以及他们在其他地方的同盟，而成本则不当地分摊给了余下的每一个群体。

军事、农业、工业、医疗甚至环境的改善，使得那些已经受益的欧洲人进一步获益……
而成本则加在了穷人、少数族裔、女性以及全球经济与政治网络的边缘地区的人民身上。

科学的“价值”

发展中国家的科学一直都反映着西方的优先权。

西方社会中产阶级的需求与主张得到了重视。

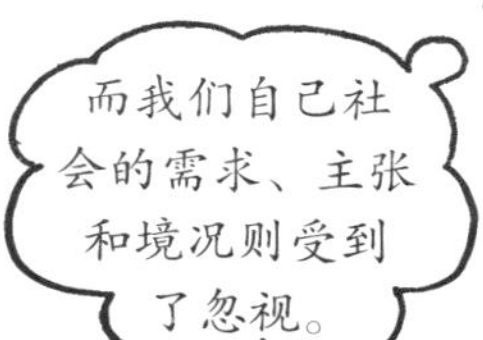
而我们自己社会的需求、主张和境况则受到了忽视。

在超过五十年的科学发展期间，大多数第三世界国家并没有任何科学发展的迹象。科学的裨益拒绝施与穷人。

中立性神话

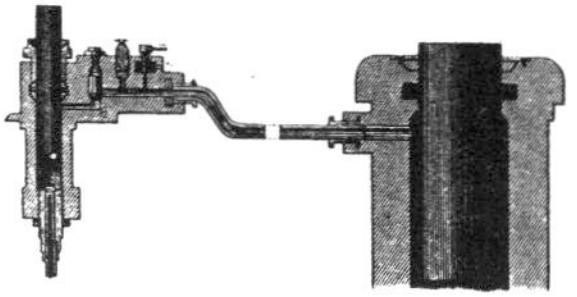

即便我们忽略其他所有的论证与证据，现代科学对价值无涉性与中立性的主张，本身就显示出现代科学是一种种族中心主义且极其西方化的事业。

这两种主张以及最大化的文化中立性，本
就是一种独特的西方文化价值。
非西方文化并不推崇中立性本身，而是强调并促进知识与价值之间的联系。

通过试图掩盖外表下面的价值取向，通过假装中立，通过试图垄断绝对真理的概念，西方科学将自身变为一种主流且具有主导性的意识形态。

科学内部与生俱来的偏见，被一场名为“社会认识论”的学术运动所详细审查。

社会认识论

作为一场批判运动，社会认识论出现于20世纪80年代，该运动关注与认知的本质相关的基本问题。史蒂夫·富勒（Steve Fuller）是社会认识论学派的创立者，他和他的学生关注于调解科学研究中的**规范性**方法与**经验性**方法。

对于社会认识论而言，科学是一种对知识的系统化追求，无论它是关乎自然世界还是人类世界。
富勒
规范性方法在传统上受到哲学家的推崇，他们关注于科学"应该是"怎样的。

……经验性方法的确一直受到历史学家和社会学家的追求，他们研究科学“实际是”怎样的。
哲学家推崇那些毫无希望的、理想化的规范，而历史学家和社会学家则避免从他们的著作中得出任何政策结论。

“社会认识论试图调解两种方法。它致力于发展出一种更加整体性的研究理念，而非种种相互疏远的知识形式，后者构成了普通大学中的学位课程。”

史蒂夫·富勒

社会认识论提出什么问题……

我们要的是什么样的知识？

为的是什么结果？

应该由谁生产它？

代表着谁的利益？

我们应当怎样利用它？

它包括组织论坛讨论，在其中不同的学科视角都必须就共同关注的问题彼此互动。
在我主编的《社会认识论》期刊上，我们试图定期做一次这样的讨论。
只有超越学科界限与术语，我们才能获得对当代科学问题的复杂性更加完整的图景。
琼·利奇 (Joan Leach) 匹兹堡大学
利奇
我们最终的希望是，能把我们的研究引领到自然和社会世界中，同时又能对社会需求负起责任。

科学交流

追求社会认识论的另一种方式，是通过提升课程中修辞的重要性，尤其是通过鼓励科学学专家加入“科学交流”计划，在其中那些已经具有科学学位的人试图成为科学的“公共关系”力量的一部分。

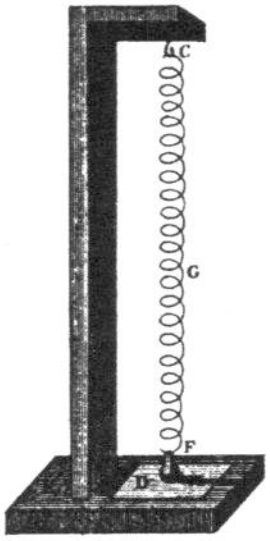

既然我们已经消除了对这个地方放射性泄漏的疑虑，我现在觉得棒极了！
按照传统，这类计划致力于揭示科学的所有裨益，同时隐藏它的代价。
然而，在如今怀疑盛行的潮流之下，它们成了科学与公众之间重新商定社会契约的工具。
科学研究的加与减受到各种方式的探讨，促使公众去问“这里面有什么是为了他们自己的？”

文化多元主义与科学知识

社会认识论对于促进文化多元主义是有帮助的——文化多元主义是一种工具，它展望知识的组织与生产具有的其他可能的目的与方法。然而，此处的目标并不在于保存独特的“地方知识”，例如像博物馆展览那样，而在于使得一种文化从其他文化知识生产实践的成败中汲取教训。

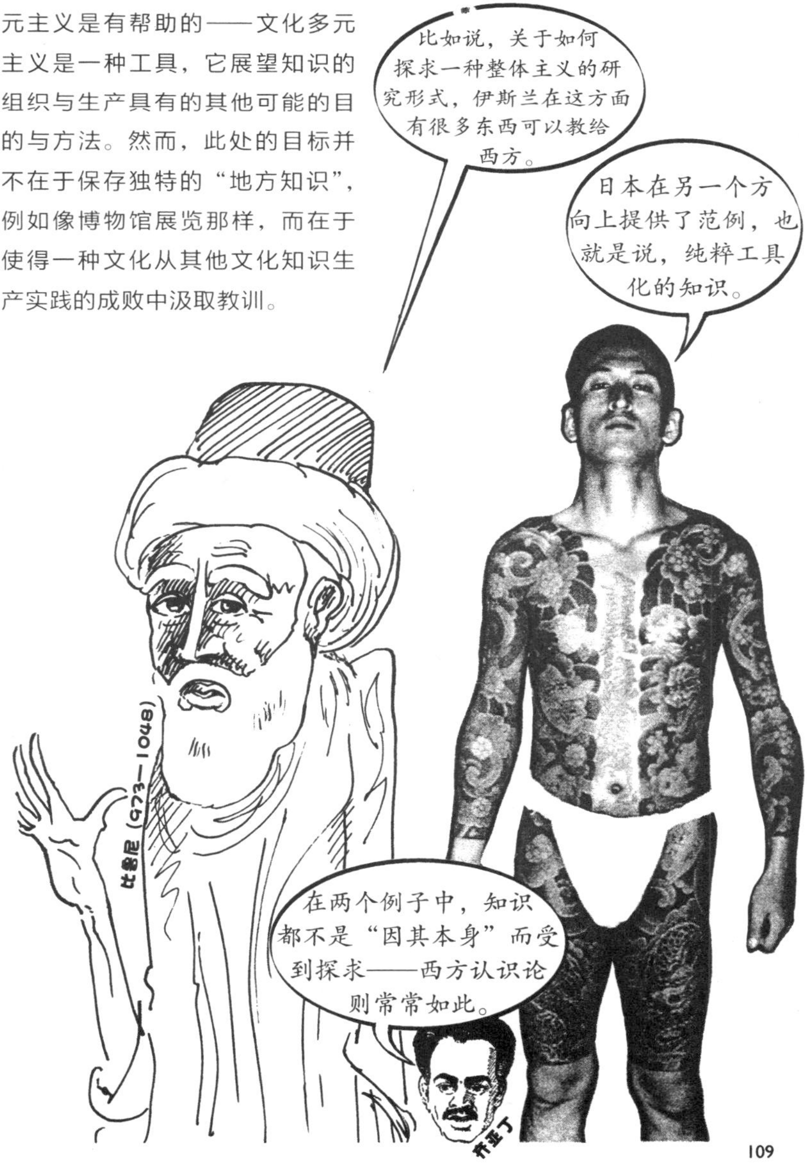

科学大战

在20世纪后半叶相当长的一段时间内，科学家多少接受了一些科学社会学家、社会建构论者、社会认识论者、女性主义者和后殖民学者的批判，他们继续做着自己一贯在做的事，偶尔会有一位科学领域德高望重的政治活动家——这个人通常是史蒂文·温伯格（Steven Weinberg）——起身保卫那旧日美好的科学价值观。

然而在20世纪90年代，对于科学的公共祛魅达到了空前的高度……
动物权利激进主义者开始对实验室进行抗议。
温伯格

对大科学的资助，例如超导体和超级对撞器工程的资金，开始受到缩减。一场针对“科学批评家”的全面猛攻拉开了序幕。

保卫科学

科学家、社会科学家和其他学者广泛地结成联盟，通过一系列盛大的、资金丰富的且受到高度宣传的研讨会，他们被动员起来保卫科学。其中最具影响力的是**逃离科学与理性**（*Flight from Science and Reason*）研讨会，它受到纽约科学院的资助，于 1995 年夏天在纽约举办。

科学受到了来自社会学家、历史学家、哲学家和女性主义者的重大威胁，他们从事着“科学与技术研究”（STS）。
我们抨击关于科学的“社会理论”，并宣称女性主义认识论是“一匹死马”。*

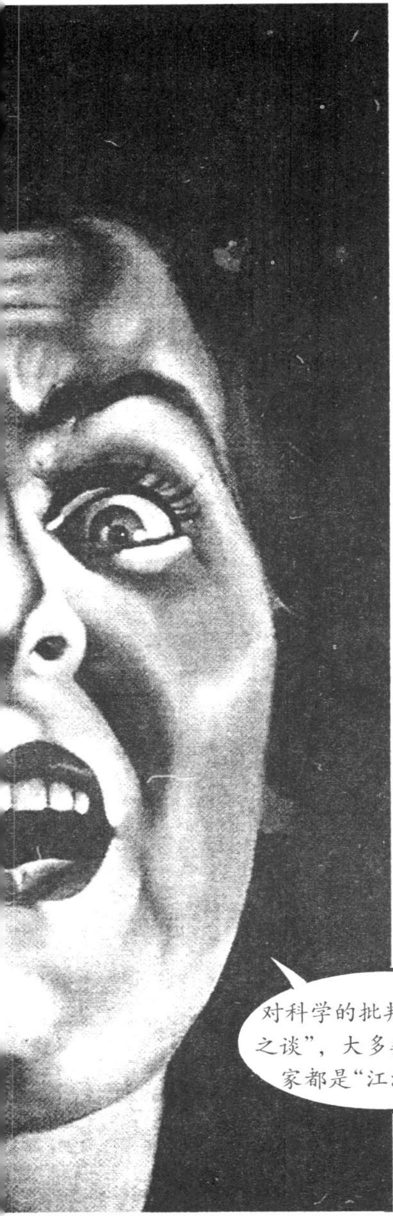
对科学的批判是“无稽之谈”，大多数科学批评家都是“江湖骗子”。

会议声称，讨论主题是关于理性及其在科学上的应用的——以及这些东西在我们时代的现状。

* dead horse，即徒劳无益的事情。——译注

反对“学术左派”

科学纯洁性的维护者坚信，存在一个来自“学术左派”的反科学阴谋。

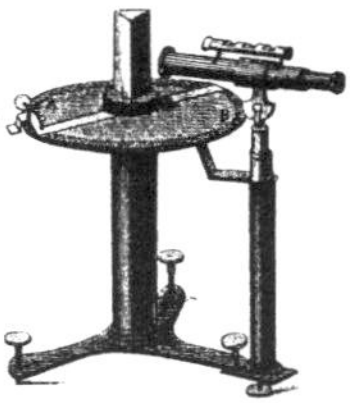

学术左派——美国学术共同体中一个庞大且具有影响力的部分——他们厌恶科学。

保罗·格罗斯（Paul Gross）与诺曼·莱维特（Norman Levitt）广受引用的著作**《高级迷信：学术左派及其同科学的争论》**（*Higher Superstition: The Academic Left and Its Quarrels with Science*，1994）成了一部科学守卫者的非官方宣言。

敌意扩展到一些社会结构中了，科学正是在这些结构中得到制度化的……
……扩展到了培养出科学家的教育系统……
……扩散到针对一种心智模式，这种心智模式或对或错地被当作科学家们的特征。

有一种来自“左派”的公开敌意，针对科学知识的实际内容，针对一个假设——人们或许会认为该假设在受教育人群间是普遍的——科学在理性上是可靠的，它建立在一种牢靠的方法论之上。

科学批判者们中世纪式的敌意，是对启蒙时代最强大遗产的一种明确的拒斥，是对进步的否定。
很显然，科学家们准备好攻入敌人的领地了。

入场，索卡尔（演出开始）

杜克大学杂志**《社会文本》**（*Social Text*）很可能是文化研究阵营最神圣的阵地之一。在它 1996 年春 / 夏季刊封面上写着：

SOCIAL TEXT
科学大战。作为反对“政治正确”战役的一部分，科学学的历史和理论正变得越来越屈从于严格的政治审查。在这一期由安德鲁·罗斯（Andrew Ross）主编的特刊中，科学的社会研究和文化研究中的许多领军人物，对该领域最近的争论作出了一些回应。这期杂志的投稿人包括桑德拉·哈丁、史蒂夫·富勒、艾米丽·马丁（Emily Martin）、希拉里·罗斯、兰登·温纳（Langdon Winner）、多萝西·尼尔金（Dorothy Nelkin）、乔治·莱文（George Levine）、沙朗·特拉维克（Sharon Traweek）、莎拉·富兰克林（Sarah Franklin）、理查德·勒温（Richard Lewin）、乔尔·科威尔（Joel Kovel）、斯坦利·阿罗诺维茨（Stanley Aronowitz）、安德鲁·罗斯（Andrew Ross）、勒斯·勒维多（Les Levidow）及阿兰·索卡尔（Alan Sokal）。
46-47
嘿，注意这里！
索卡尔

杂志主编安德鲁·罗斯将科学描述为一种新型宗教，将《高级迷信》轻视为一种肤浅的“吼叫”之作，认为它属于建制完备、撒谎成性的右翼学术传统。

在元老院（Curia）——也就是科学学的枢机主教团——发表正统宣言之后，一位来自纽约大学的物理学教授阿兰·索卡尔作出了奇特的贡献。这篇论文名为《越过界限：朝向一种变化的量子引力阐释学》。即便以建构主义的那种极端相对主义传统来看，该论文也有些不寻常。

索卡尔
本文主张 π（pi）远非一个普遍的常数，它其实是根据观察者的位置而相对变化的，因此服从于“无法避免的历史性”。

该文的参考书目，看上去像是一个精心编写出来的科学批评家“名人录”，与论文的内容几乎没有关系。它还包含对杂志主编安德鲁·罗斯和斯坦利·阿罗诺维茨的著作令人尴尬的谄媚引用。不过，《社会文本》的编辑们自己没能理解其中的意义。

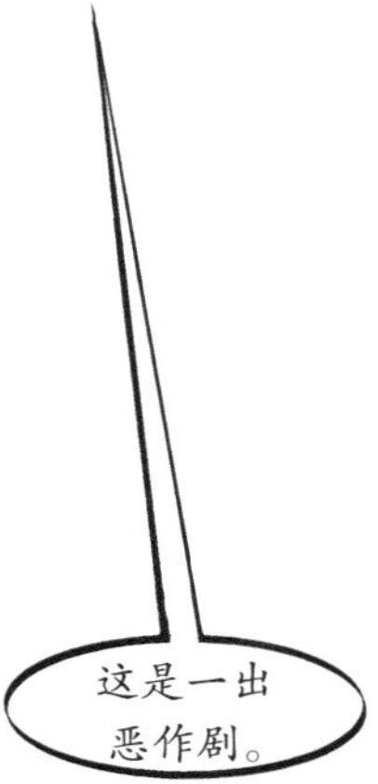
这是一出恶作剧。

对后现代主义的闪电战

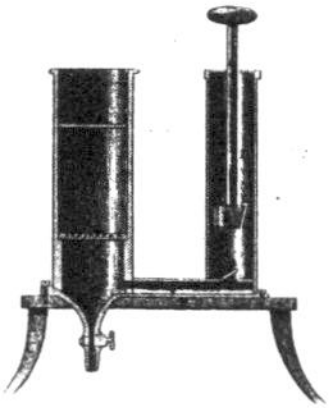

当索卡尔公布他的恶作剧后，“科学大战”在媒体的聚光灯下公开化了。

索卡尔用**《智力欺诈》**（*Intellectual Impostures*，1997）一书进一步推进了他的恶作剧，他在书中挑战了整个法国左翼后现代当权派。

拉康
克里斯蒂娃
拉图尔
德勒兹
鲍德里亚
打倒他们——争夺奖品!

超越恶作剧

索卡尔的恶作剧证明了许多科学的激进批判家、后殖民批判家已经在怀疑的东西。

针对科学学的文化研究产生了专横跋扈的影响，它造成了这样一种情形：只要贴上“后现代批判”的标签，任何人对任何事都可以糊弄过去。
杰瑞
齐亚丁
费耶阿本德的格言“怎样都行”现在可以用在科学学自身之上了。

科学的公众理解

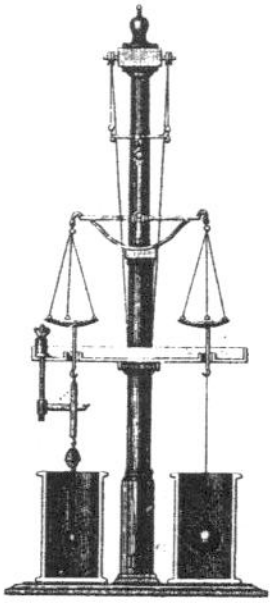

但我们不能允许科学大战，或者说不能允许某些建构主义者立场的高度主观性，去分散我们对真正问题的注意：科学的权力与权威性，以及它负载价值的本质。

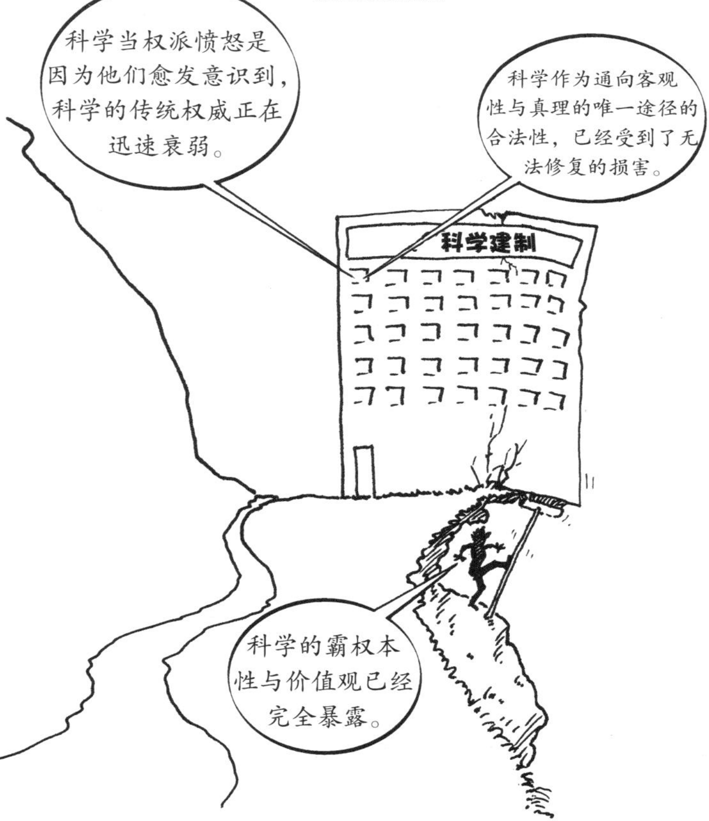

因此，科学的深层关怀围绕着“科学的公众理解”。

科学的公众理解（PUS）运动出现于 20 世纪 90 年代。它受到了科学机构本身的支持，从研究机构和政府机关那里获得了主要的资金支撑。它在很大程度上基于这样一个假设：如果大众对于科学的技术层面有着更好的理解，他们会对科学和科学家产生更多的尊重。

在这一点上，我们向读者保证，我们不会拿该组织的首字母缩写去开任何惹人讨厌的玩笑。*

PUS 的教授职位在英国和美国都有设立，这些“席位”通常颁发给最教条化、最原教旨主义的科学家。
你在对我说话吗？
而受到科学资助的“科学交流研究”获得了很高的优先地位。

* 该运动的英文缩写 PUS 有“流脓”的意思。——译注

公众关注 vs. 责任性

“PUS”这个命名被用于描述实践上的一种连续统一体。在连续体的一端，是包括科学家在内的一些人，他们将 PUS 视为一场公关实践，甚至是一种说服读者的方式，以让读者相信饱受争议的科学领域并不存在什么问题。在连续体的另一端，是包括关注社会责任的科学家在内的一些人，他们希望对研究的未来展开真正的对话。

在我之后……“科学对你有好处”。
出于明显的原因，比起尝试呼吁社会责任与对话，公共关系实践倾向于获得更多的公众关注。

在各种各样的 PUS 计划下，科学家受到鼓舞，努力学习交流技巧，以便与公众展开富有智慧的对话。新闻工作者也受到鼓舞，对科学进行了更加精确和广泛的报道。

要重申，对于这个命名，我们保证不拿它开什么“脓疮”之类的笑话。现在……回床上睡觉吧。

总体上，科学共同体在大多数时间内，都表现得对媒体关于科学的报道不感兴趣。因此，当具有争议性的话题出现在媒体上时（例如基因改造），公共关系科学家会尽快采取“损失控制”，掌控这场辩论的术语。

科学家通常会被媒体对他们的描述逗乐，或是为此感到困惑。这个情形的确像是在黑夜中行船。

利奇
在一艘船上，你会看到科学家以十分工具性的方式对待媒体。
在另一艘船上，你会看到新闻工作者试图对科学家大拍马屁。
大科学

科学新闻工作者与科学共同体之间的紧密关系，造成了对科学的虚假描绘——这种描绘忽视科学知识的偶然性，以及它的社会和政治背景。
多萝西·内尔金
(Dorothy Nelkin)，
纽约大学

科学是如何改变的

科学家和公众两方面都需要意识到，科学正在急剧地发生变化。它的变化并不仅仅在于公众认识科学的方式——尽管在 20 世纪的最后十年，这是科学经历过的最大变化之一。公众现在也意识到了，偏见、欺诈，同行之间的嫉妒和傲慢，争名逐利的欲望，这些东西总体上在科学家之间就和在大众中间一样常见。

科学中的改变，比那些容易感受到的东西要深刻得多……

实际上，科学变化的方式取决于它受到资助的方式，它变为由商业所驱动，它的内部结构也发生了变化。

eption … … …

在概念上，科学发生变化是因为不确定性与无知，如今这两者对于所有科学尝试都是至关重要的因素。

Ectamen neude enim haec movere potest appetit ani … pellat peccage eronylar at ille pellit … provert povultan. For … olliciat et

资助的关键

资助的来源或许是新价值观进入科学的最明显方式。

资助经常会影响对研究问题的选择。如果资助来源于政府，那么它会反映政府优先考虑的……

太空探索是否比市中心的贫民身体健康问题更重要……
是核能源还是太阳能更应该得到进一步开发……
民间机构的资助主要来自跨国集团，它会自然而然地面向那些能够逐渐带来真金白银的研究。

第二次世界大战之后，美国的科学资助受到了三方的主导：政府、工业和大学。从 1953 年到 1978 年，联邦政府提供了全部研究开发（R&D）中百分之五十到百分之六十的资金。超过一半的资助都与国防研究有关。这些资金流向了大学和受联邦政府赞助的研究机构，流向了公立和私立的实验室，这些机构进一步拓宽了联邦政府的研究目标，例如军事安全。

研究中的公司资助

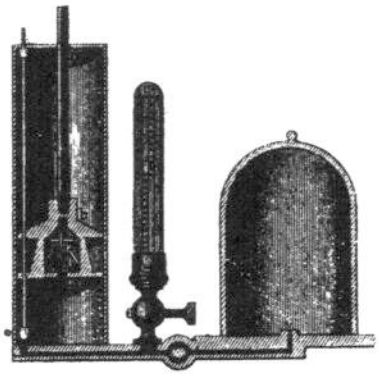

1978 年后，研发的商业资助开始超越政府的资助。到 20 世纪 90 年代早期，美国的公司资助了超过半数的研究。如今工业上的研发支出是联邦花费的二到三倍。因此，大多数大学中的研究都是由工业资助的。

市场及私营领域的需求现在推动了科学和技术进步，并决定谁能得到资助，谁得不到。
员工培训
管理
计划
商业机会

这不仅仅对于研究伦理、责任与利益冲突有着严肃的意义，而且使得科学变得极为屈从于商业利益。
我能为你注入一笔资金吗，亲爱的？

利润动机

科学就是利润。利润常常能决定科学的方向。旧的军事工业系统正在被公司－大学－私营研究实验系统替代。科学成为了另一种商品，生产出来就是为了把它销售出去。

科学的方向是什么？

我们可以看到，科学与利润的结合处在一个大的转变之中，即在后冷战时代从物理学向生物学的转变。从没有哪家私营公司会赞助一个大型粒子加速器项目，但人类基因组图谱计划受到了美国和英国私营企业的热切推动。

发现一种新的基本粒子，并不能带来直接利润。

再来点鱼子酱？
然而人类基因组计划对于创新研究和商业产品是一个用之不竭的宝藏。
UAG
A·T
T·A
T·A
DNA
G·C
T·A
C·G
C·G
A·T
UCGAUCGA

什么东西吸引了科学的注意力？

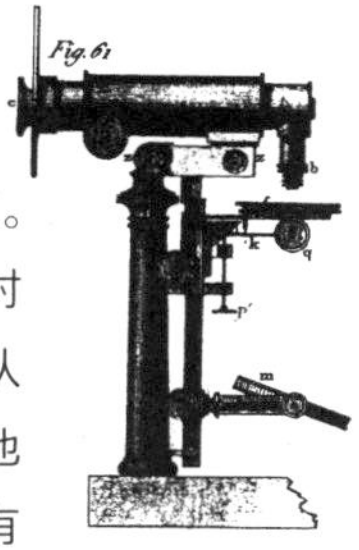

受商业驱动的科学具备两个主要特征。它关注于一些特定的研究领域，代价则是对其他领域的忽视；对于那些大多数社会认定为“常识”，以及大多数个人认定属于他们固有的私有财产的东西，它却宣称自己有着所有权。

总体上讲，这意味着利润不多的第三世界问题很少会得到研究者的关注。

但既然利益与魅力联系在一起，这也意味着通常受到名人支持的事业会得到高度关注。

对“名人问题”的关注

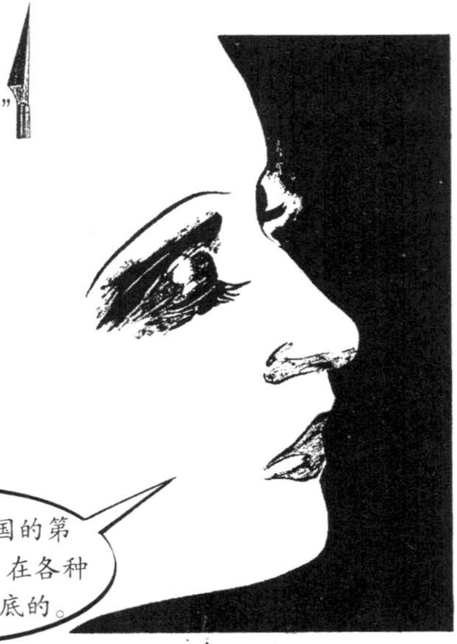
但是肠癌，英国的第三大致死疾病，在各种意义上都是垫底的。

世上存在两百种癌症。但只有几种癌症既受到了重视，又有研究资金的支持。例如在英国，乳腺癌受到了高度关注——它得到了大量资金援助以及大量媒体宣传。为什么？仅仅因为它受到了一大堆胸部丰满的超级模特和明星的支持。

你很难把一位性感影星与肠癌联系起来，对吧？
或者是肺癌……那将意味着踩灭那些超流行的、抑制食欲的特醇万宝路香烟！

SICK SICK SICK
SICK SICK SICK

受商业驱动的科学也会用一种特别的方式定义“问题”。比如，“癌症问题”被纯粹视为“寻找一种治疗方式”的事情。这意味着科学研究会使得特定的团体受益，尤其是制药公司。

然而，如果把科学研究的作用视为在社会中消除癌症问题，那么其他团体或许会从研究中获益……
研究重点转向节食、吸烟、污染工业等。

人口与贫困

与之类似，“发展中国家问题”是根据“人口”来衡量的。研究集中于第三世界妇女的生育体制、绝育方法以及新的节育方式——这些都会导致西方生产出来的产品销往发展中国家。

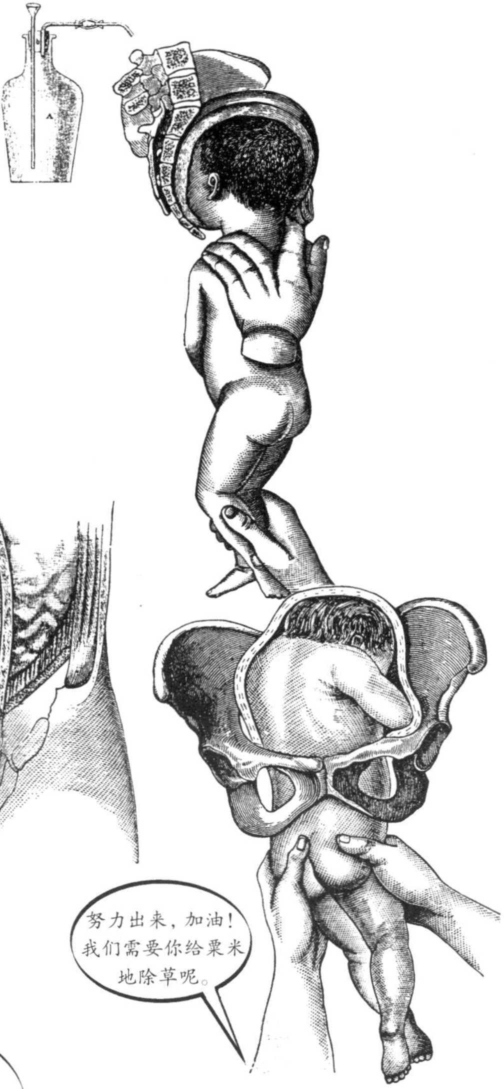
努力出来，加油！我们需要你给粟米地除草呢。

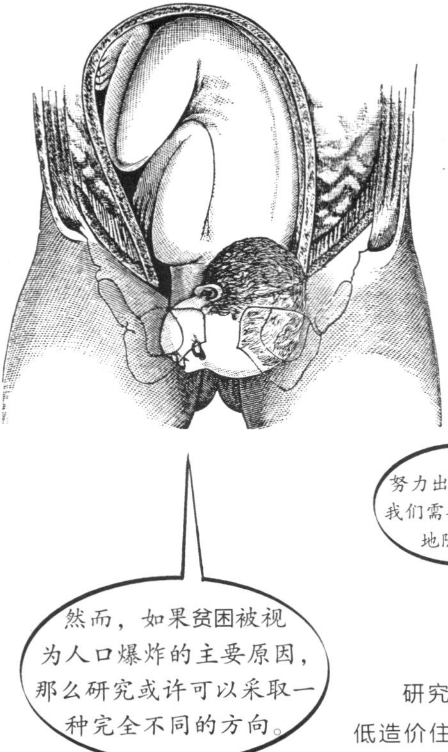
然而，如果贫困被视为人口爆炸的主要原因，那么研究或许可以采取一种完全不同的方向。

研究重点会转向消除贫困、发展低造价住宅、基础且经济的医疗卫生服务系统，以及能创造就业机会（而非创造利润）的技术。

申请知识专利

科学的商品化造就了一种对专利的“淘金热”。任何能想到的有用的东西，现在都专利化了，包括事关性命的东西——DNA序列——以及应用实验技术。

一位杰出的科学家造出了一个新的“生命的定义”，他实际的意图是要为他的定义申请专利……
但是随后我认定那是属于上帝的工作。
哦，留神！
滥用科学所造成的这些新的社会问题，使得“科学大战”的认识论辩论看上去完全过时了。

科学的新掠夺本性，在发展中国家那里最为明显。非西方遗传资源的专利申请从尼姆树（the neem tree）开始，我们接下来就会看到。

尼姆树

尼姆树的学名为印度苦楝树（Azadirachta indica），是一种耐寒、生长极快的常青树，它在印度次大陆较干旱地区为每一个村庄增光添彩。*Upavanavinod*，一本关于造林业和农业的古老梵文著作，描述了尼姆树该如何用于防止植物受到虫害，治疗生病的家畜和家禽，以及加固土壤。

大量关于伊斯兰医术的文本，都推荐尼姆树为一种百分百有效的避孕方式，行房前敷于阴道内。

围绕尼姆树还有一系列药方，用于治疗例如麻风病、溃疡、糖尿病、皮肤病及便秘之类的疾病。其他文本将尼姆树认定为一种强效杀虫剂，用来对付蝗虫、褐飞虱、线虫、蚊子幼虫、甲虫和棉子象鼻虫。

在 20 世纪 70 年代早期，一位美国木材商注意到印度农民使用的尼姆杀虫剂，比进口的西方杀虫剂有效得多。他对一种名为 Margosan-0 的尼姆树杀虫提取物实施了安全和特性试验，然后在 1985 年对该产品申请了专利。三年以后，他将该专利卖给了 G. R. 格蕾丝公司（G.R. Grace and Co.），一家跨国化学品公司。闸门一下子被打开了……

随着西方世界对人造杀虫剂的反对声音与日俱增，尼姆树产生了极大的吸引力。
在 1985 年到 1995 年之间，超过 37 种专利在欧洲和美国予以通过，用以开发尼姆树制品——包括一种尼姆树制成的牙膏！
于是，一种曾经免费且随处可得的东西——据估计，仅在印度就有一千四百万棵尼姆树——一种千百年来为南亚人民所用的东西，变成了跨国公司的财产。

对原存知识的盗用

受商业驱动的科学参与到了将非西方基因资源、原存知识和古代学问专利化的活动中。墨西哥豆、菲律宾香米、玻利维亚藜麦、亚马逊死藤水、西非甜薯——所有这些都成了掠夺性的知识“财产认领”的对象。

从牲畜种质到久负盛誉的药物，每一种关于动植物，甚至是关于血液的原存知识，都受到了争抢。
那些强盗还不只是跨国公司和政府研究机构……

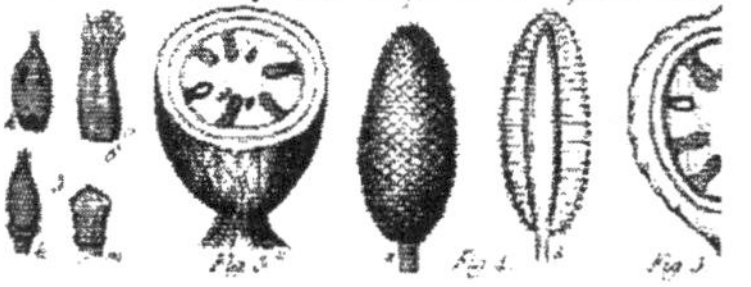

甚至连那些受人敬重的大学，连同那些科学个体户投机商，都借助“研究”的伪装进入了各种土著社区——然后他们会剽窃、申请专利，再向更大的企业出售他们的“发明”。

科学家在加蓬运用当地农民的知识，识别出了一系列特别的西非超甜浆果。浆果中的有效成分作为一种蛋白质被贴上了标签，即“甜味蛋白”，据称比蔗糖甜两千倍，因此也成了一种天然低热量甜味剂的理想候选品。在 1994 年到 1998 年间，有四种关于甜味蛋白的专利得到了授权。

有几家跨国公司现在就在生产着甜味蛋白制品。
西非人民不需要为了商业发展而费神种植他们的浆果。
德尔蒙食品公司（Del Monte）来的人说：“你不用再种它们了。我们能在实验室里把它生产出来。”

愈演愈烈的盗用

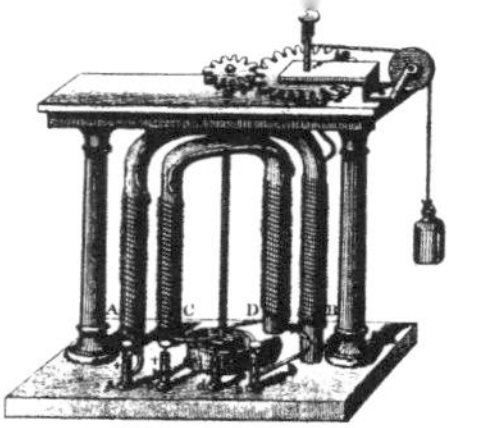

在某些情况下，整个土著系统都受到了侵犯。千百年来，墨西哥地区的玛雅人社区发展出了一套内容丰富且精细复杂的医学知识体系。科学家使用该体系来指导他们的研究。玛雅的“巫医”和“萨满”受到采访，他们的草本植物被收集和分析，他们的药物配方被仔细研究。

我们有许多植物制品和医疗手段，现在都被申请了专利。

甚至从土著部落取走的血细胞都被申请了专利。

巴布亚新几内亚岛上有一个名为 Hagahia 的部落，他们的血细胞被专利化了，因为他们被一种会导致白血病的病毒感染。该专利用以开发一种治疗白血病的方法。

模式 2（Mode 2）知识

科学的完全商品化，以及它愈发受到商业和消费者兴趣主导的状况，都在从内部改造科学本身。

传统的科学知识生产，产生于认知语境中一种单一学科的范围之内。而现在，它受到了一个新体制的替代。这个新的体制被称为“**模式 2 知识生产**”（Mode 2 knowledge production）。迈克尔·吉本斯（Michael Gibbons）及其同事的重要著作**《知识生产的新模式》**（*The New Production of Knowledge*, 1994）描述了处在模式 2 下的知识生产的几种属性。

- 科学工作不再受限于传统的科研机构，如大学、政府研究中心和公司实验室。生产出知识的场所将会增加。科学工作也会由独立的研究中心、工业实验室、智库和咨询公司来完成。

- 这些场所将会以各种各样的方式联系起来——电子化、组织化、社会化、非正式化——通过用于交流的功能网络。

- 在这些场所和研究区域中，同时会出现在专业方面愈发精细的分化。这些子领域的再结合与再配置，将会为实用知识的新形式奠定基础。

“其结果是，大多数科学家都会成为合同工；他们会以‘可替代’的临时研究团队的形式工作，他们专门聚到一起研究一个特定的问题，在每个项目得出结论时，他们会被重新调动，或者被弃用。研究者们会完全变得无产阶级化，因为他们失去了自己的财富——既在稳定的、基于范式的研究技能方面，也在他们对自己研究成果的权利拥有方面。”

J. 拉维茨

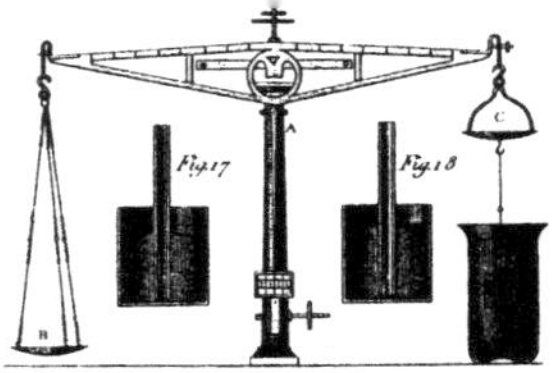

模式 2 知识的后果

对于科学在过去几个世纪以来所处的社会结构类型而言，“模式 2”是一种极端的背离。在这些新型社会关系中，有几种正在出现的问题可以确认。

比如说……

- **什么能够保证……**

  “学院”机构的保留？该机构对于训练和创造力来说仍是必需的，然而它在新型知识生产模式中将不可避免地被分解吸收。

- **什么能够保证……**

  质量控制的维持？在一种完全“商品化”的事业中，传统的非正式“共同体”技能、礼仪和奖惩方式都会变得毫无意义。

- **什么能够保证……**

  独立性和批判性的存留？对那些难以管束因素的管理，不再需要以解雇作为粗暴威胁，而只是需要对黑名单采取更加精细的控制。

- **什么能够保证……**

  那些有天分的年轻人得到招募？独立的知识探索者的职业形象，如今替换成了模式 2 中按合同办事的“极客”（geek）。

模式 2 中的不确定性

科学家对不确定性有着长久的认识。每当他们开始研究一个问题，可能的答案在某种程度上总是不确定的。但在常态科学中，不确定性是十分微小的；人们几乎可以肯定谜题将得到解决，可能的答案只处在一个狭小的范围之内。

虽然科学中的所有结果都具有不确定性，但我们主要还是将不确定性称为“技术性”的。

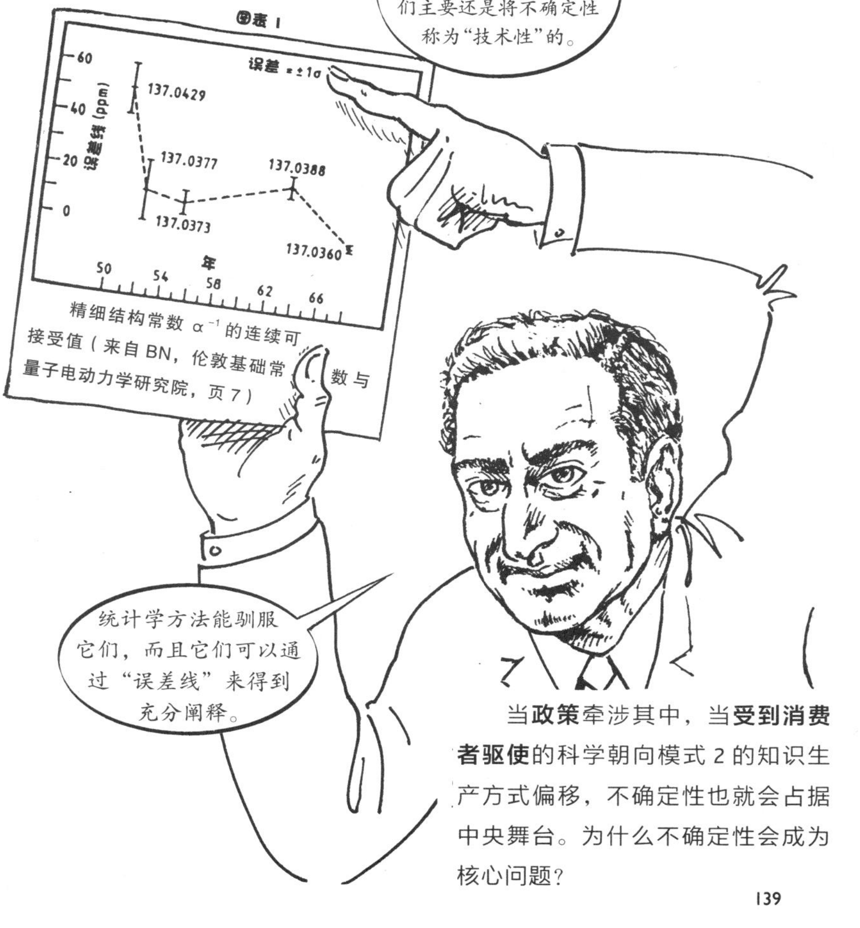

图表 1
误差 = ±1σ
误差线 (ppm)
60
40
20
0
137.0429
137.0377
137.0388
137.0373
137.0360
年
50
54
58
62
66
精细结构常数 α^{-1} 的连续可接受值（来自 BN，伦敦基础常数与量子电动力学研究院，页 7）
统计学方法能驯服它们，而且它们可以通过“误差线”来得到充分阐释。

当**政策**牵涉其中，当**受到消费者驱使**的科学朝向模式 2 的知识生产方式偏移，不确定性也就会占据中央舞台。为什么不确定性会成为核心问题？

悬而未决的政策辩论

在政策辩论中，不确定性必须始终与“错误成本”保持平衡。比如，在全球气候变暖的案例中，有些人主张美国经济绝不能受到能源限制的损害，除非能完全确定气候变暖的事实。

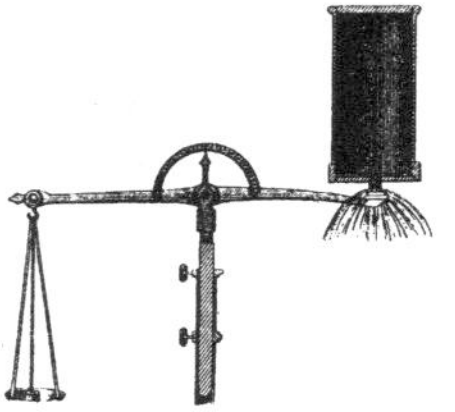

另一些人会论证说，尽管还留有一些不确定性，人性的危险却是清楚无疑的。
与不确定性相关，政策竞技场中的科学也因此更像法庭中的科学，而不像常态研究中的科学。

在实际中塑造所有研究的价值认定（value-commitments），在此处是十分开放、清楚明确且受到辩难的。不确定性能怎样影响政策，可以通过“疯牛病”这个骇人的例子得到阐明。

“疯牛病”

“疯牛病”，或称牛海绵状脑病（Bovine Spongiform Encephalopathy，BSE），在20世纪80年代作为一种原因未知的地方怪病侵袭了英国，尽管几乎可以肯定，这与集中饲养以及非自然的饲养方式有关（草食性的牛被人用动物蛋白喂食）。随着这种疾病的扩散，科学顾问不得不对一些不确定性进行歪曲，歪曲的内容包括此事的最终经济损失，通过大规模屠宰来实现控制的代价，以及该疾病传染给人类这样一种看似不太可能但仍可想见的可能性。

实际上，压倒一切的忧虑似乎是农业部之福。
甚至在1990年，当有猫感染了疯牛病，官方仍然否认这种疾病有传染给人类的危险。

防范的方法实在太不够、太晚且太过片面。到1996年，一种能使人类感染的病害形态得到了确认，这引发了短暂而广泛的恐慌。国家决心等待，以观察究竟会出现受隔离的灾难，还是会出现群众性恐慌。

MMR 恐慌

在事关对普通传染疾病的控制进行决策的情境下，我们也会看到不确定性。英国卫生部有一项严格的政策，要求孩子同时接种三种常见儿童病的疫苗：“MMR”，即麻疹（measles）、腮腺炎（mumps）与风疹水痘（rubella, chicken pox）。每一种疾病都会对一小部分罹患者产生严重的影响。

然而存在强有力的坊间证据显示，MMR 疫苗本身对于极少一部分孩子就是有害的——它有引发自闭症的危险。
政府官方对此风险的否认，又加重了很多家长的恐惧。

流行病学研究被认为存在缺陷，并受到了批评者的拒斥。在事实方面人们完全无法达成一致，而在价值方面也存在争论——对阵的双方，一方是公共的利益，另一方是**我的**孩子受到严重伤害的风险。如果出现大量拒绝接种“三联针”的情况，可能会使在未接种者之间出现麻疹流行病这一真实风险出现。

评估大局

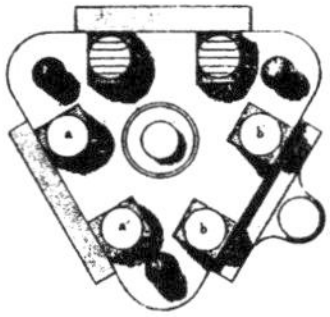

在所有这些例子中，不确定性都远远超出了仅属“科学”的范围。当制订计划之人考虑着未来洪水的威胁（这是全球气候变化很可能导致的一种结果），他们的决定将面临充满冲突的前景。

防范上游的洪水，会加重下游地区面临的威胁。
存在对房地产的威胁，以及商业的……
问题——保险以及评估过去和未来损失的责任方。

在所有这些问题中，不确定性都很严重，多方面的利益太容易在彼此间产生冲突。

数据错误

在科学的深处，可以发现同样程度的不确定性。在任何牵涉到统计学技术的实验中，人们要在类型一错误（拒绝一个真实的假说）和类型二错误（接受一个虚假的假说）之间做出选择。通常来讲，类型一错误被认为更加严重，而研究者们会自主地对他们自己的试验作出相应调整。

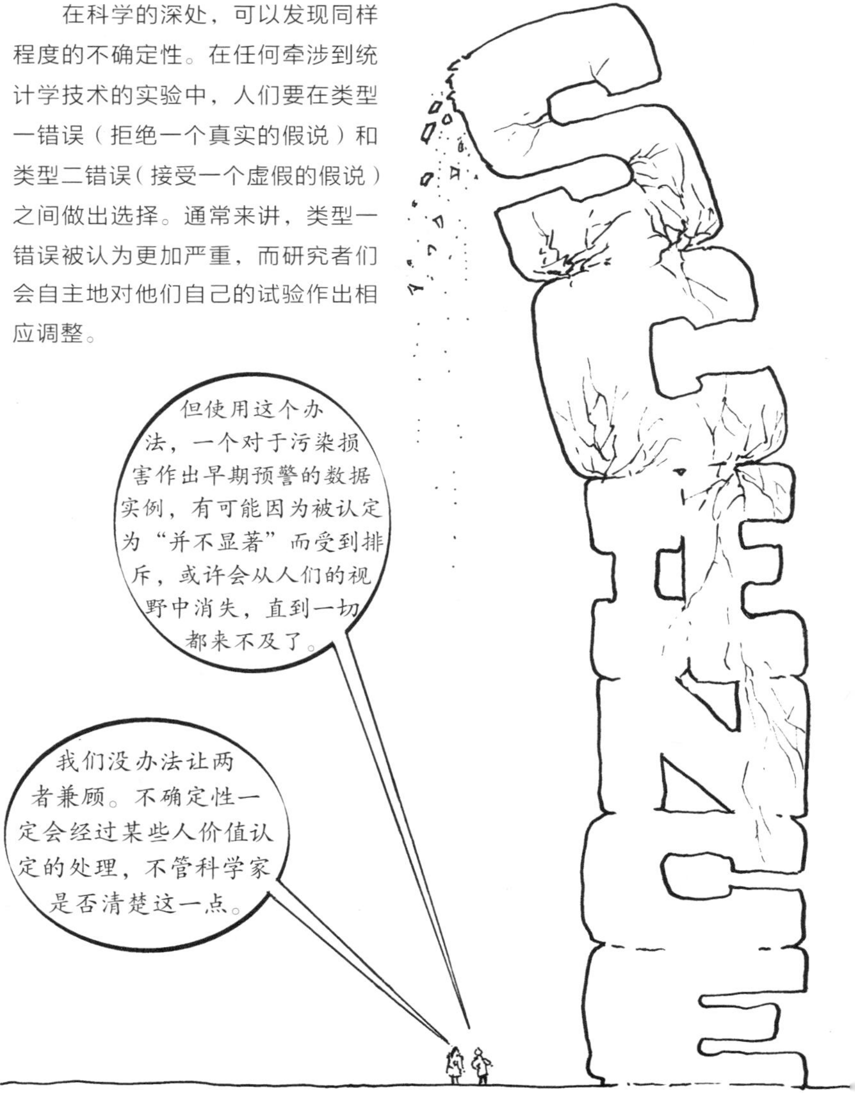

但使用这个办法，一个对于污染损害作出早期预警的数据实例，有可能因为被认定为“并不显著”而受到排斥，或许会从人们的视野中消失，直到一切都来不及了。
我们没办法让两者兼顾。不确定性一定会经过某些人价值认定的处理，不管科学家是否清楚这一点。

对不确定性的处理问题，会将我们引向“无知”这一话题。

无知的地位

彼得·梅达沃爵士（Sir Peter Medawar, 1915—1987），英国免疫学家与诺贝尔奖获得者

这个简洁优美的构想，揭示出了科学探究的限制及其世界图景中的很多东西。
因为，不可解决的事物并不属于科学。它并不算数，它并不存在。
这个洞并不存在。
呦吼！

这种受限的科学观在过去巩固了自己的力量。可现在，它向未来展现出了危险。首先，我们会发现科学很少会“一揽子”地解决问题——总是存在一些例外的点，它们无法得到解决。在核能所生产出的放射性废料的例子里，这些棘手而无法处理的问题通常会被忽视掉，直到它们突然在各个方面引发危机。

将科学限制到“可解决”的问题上，对于我们的知识观和世界观也会有其他的、甚至更加深刻的影响。因为它要求把**无知**完全地排除出我们的观念。无知并不是通过常态研究的方式便能得到解决的。因此，我们对于它的存在没有任何概念。

无知的选择

承认无知，对科学活动中一个非常现实的问题极其重要：**优先性**与**选择**。无论何时，一个得到提议的研究计划被赋予了较低级的优先性，即是它还没有开始进行。结果就是，获得新知识的机会也就丢失掉了；而在那个领域，我们依旧是无知的。

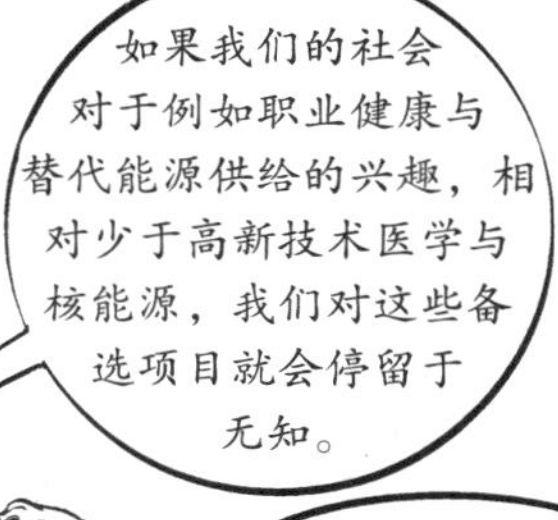
如果我们的社会对于例如职业健康与替代能源供给的兴趣，相对少于高新技术医学与核能源，我们对这些备选项目就会停留于无知。

我们所“知道”的东西，受到了优先性和选择的挑选。

在这方面，我们可以认定无知为政治和社会构造出来的。

“通过关注无知而非知识，我们可以摆脱科学建构主义理论中的一些相对主义、怀疑主义的暗示。将无知想象为受价值和权力所制约，对我们来说是更加容易的。”

J. 拉维茨

“无知的平方”

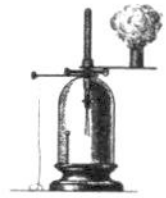

对无知的无知——或者说“无知的平方”，是近来欧洲思想史中的一个现象。一直以来，从柏拉图到笛卡尔，对无知的无知是一种在哲学家之间受到承认的范畴。苏格拉底的寻索是认识到自己的无知。无知在伊斯兰、印度和中国的科学与哲学中也是一个重要的概念。文艺复兴的人文主义作家尤其突出了这种无知的平方的意义，将其视作智性上最差劲的失败。

怀疑的终结

一旦怀疑被笛卡尔所攻克，它便几乎不在科学哲学中出现了。但在我们的时代，它已经复仇般地回归了。在与宇宙论的思辨性理论有关时，它是有趣的。

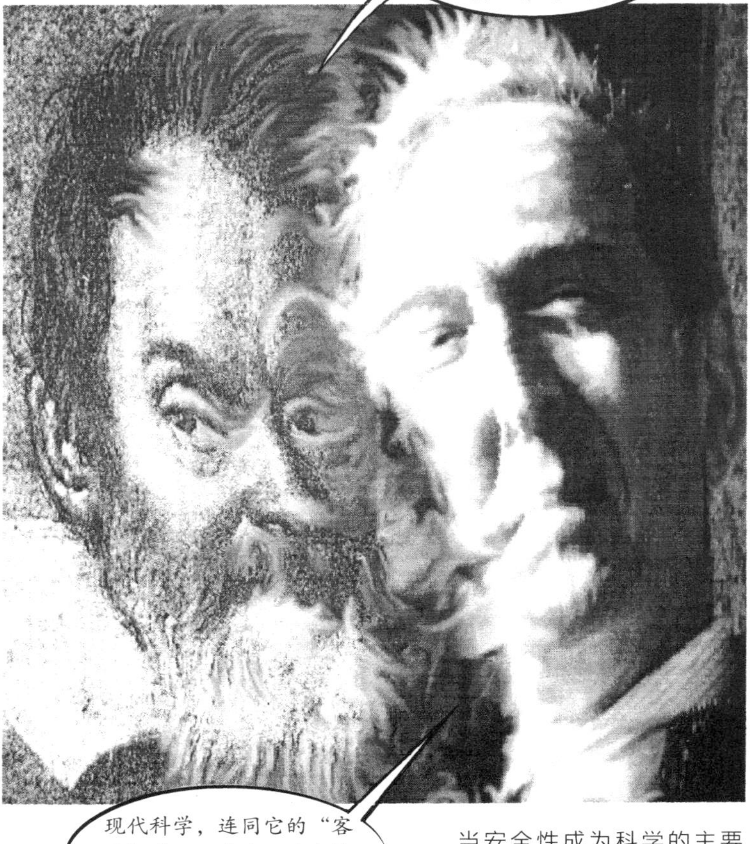
然而当它面对对研究的选择，以及测量那些受推崇的科学创新的危险性时，无知是极端严重的。
现代科学，连同它的“客观性”神话，缺乏一种能够处理“无知的平方”问题的概念装备。

当安全性成为科学的主要问题，不确定性和对无知的无知也就成了迫切的实际问题。

安全性与不可知者

科学中的每一次进步，都将我们引向新的、隐藏的危险。比如，考虑一下科学家如何向公众保证，声称转基因的农作物其实比那些通过传统工艺生产出来的更加安全。这是因为，科学家可以直接修改那些决定可欲特质的基因，同时对其他一切问题置之不理。他们中的很多人都真的相信这一点，但结果证明这是虚假的。

首先，对新型基因的插入和激活，会对有机体的整个基因系统造成严重的干扰。
没人知道基因组会受到什么附带性的损害。
其次,由于基因“表达”起因于一个复杂的——而且人们知之甚少的——生理过程，新型基因对有机体的实际影响是不可知的。

最后，新型基因一旦扩散开来，自然环境中会发生什么，这个问题几乎只能依靠纯粹的推测。我们或许能在最初几茬农作物那里侥幸躲过它的影响，但在那之后，环境灾难可能在任何时候袭来。

转基因的其他风险

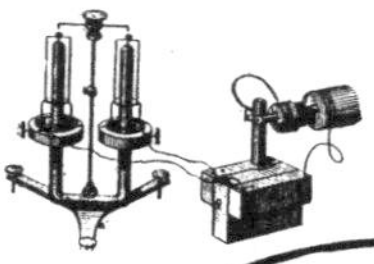

转基因出问题的例子有很多。

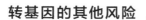

一些鱼类被改造，意图促进他们的生长，结果它们变得畸形且过早地死去。

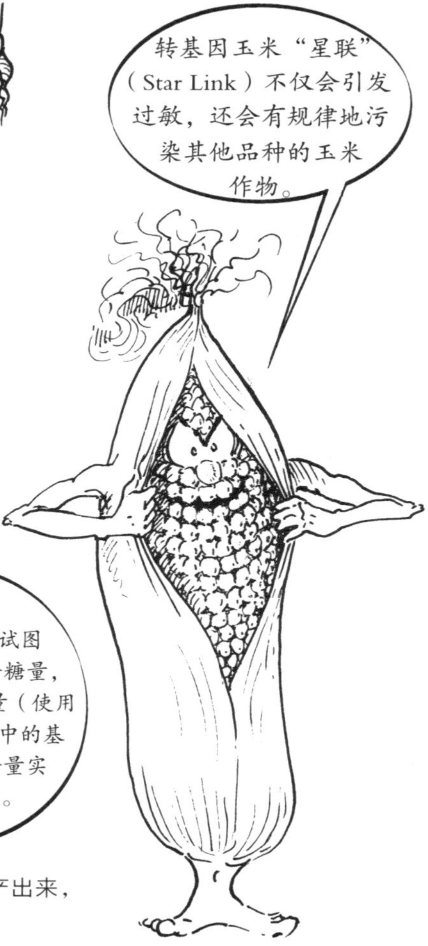
转基因玉米“星联”（Star Link）不仅会引发过敏，还会有规律地污染其他品种的玉米作物。

德国的研究者试图降低土豆中的含糖量，并提高其淀粉含量（使用酵母和某种细菌中的基因），但淀粉含量实际上降低了。

许多始料未及的复合物也被生产出来，那是干扰了土豆新陈代谢的结果。

增加不确定性的风险

这些个别的例子表明，在渐趋扩大的范围内，随着基因技术变得愈发完备且日常化，有可能发生什么样的事情。没有办法知道会出现哪些有害的影响；其中的一些影响一定无法从标准化的安全检测中探查出来。这些例子，以及先后在英国和欧洲大陆出现的BSE（“疯牛病”）危机，表明了我们对于可能出现的危害的无知，与对我们可能通向这些危害的途径的有限知识相比，前者对政策更加重要。

理智公牛的回归
“系统不确定性”与“决策的风险”，两者都是十分巨大的。

在很多方面，我们不知道，也不可能知道我们作为个人、社会和物种的安全性会被牺牲。
这个食用起来绝对安全——科学家们是这么说的。

超越常态

无知与不确定性的结合，以及科学的实际变化——包括资助、商业化、安全性的复杂问题以及新的知识生产类型——所有这些都意味着科学不再以“常态”的方式起作用。

我们发现自己处在一个远非常态的位置上。无论何时，当一个政策问题牵扯到科学，我们会发现……

- 事实是不确定的。
- 价值是有争议的。
- 风险是很高的。
- 决策是亟须做出的。
- 复杂性属于常态情况。
- 人工的风险或许会失控。
- 地球与人类的安全正处在严重的威胁之下。

后常态科学（Post-Normal Science）

后常态科学（PNS）始于这样一种意识，即我们需要一种新的科学方式。科学的旧日形象，即经验数据引导出真实的结论，科学的推理引导出正确的政策，这一套看上去已经不再那么可信了。

前进的道路必定是一场对话，它基于对不确定性和无知的承认……
连同一种合理视角以及价值认定的多元性。

后常态科学是一种探究方式，它出现于科学和政策之间受争夺的交叉领域。它可以包括任何事物，从科学家与政策相关的研究，到公民关于该研究质量的谈话。

设定后常态议题

更确切地说，后常态科学包含一个由多阶段组成的循环，它持续不断地相互作用、重复并牵涉一系列议题。

- **政策**——政策的设立要依据社会的公共意愿，由各利益相关群体协商而来。
- **人**——谁在什么时候参与其中，谁选择他们，根据什么标准——以及由谁来选出这些选择者？
- **问题**——对确定任务的探究：时刻记住，确立一个问题会排除其他的问题，并造成对后者可能生产出的知识的无知。
- **程序**——不仅仅是技术，还有证明的负担：在何种程度上，危害之证据的缺失应当被视为危害本身不存在？
- **产品**——谁控制对它的管理和扩散，谁控制着控制者？
- **后常态评估**——在何种程度上，简单、整洁的实验室环境可以与复杂、混乱的政策世界以及实际经验对应起来？

在后常态科学的竞技场上……

· 科学确定性被一场扩大开来的对话所替代。

· “专家”被一个“扩大的同侪集团”所替代，后者包含科学家、学者、工业家、记者、竞选者、政策制定者和普普通通的非专家公民。

· “铁一般的事实”被“扩大的事实”所替代，后者不仅包含公开发表出来的结果，还包含那些不属于公共领域的个人经验、地方性研究与科学信息。

· 真理被质量（Quality）所替代，作为组织性的原则。

· 科学原教旨主义被不同视角和价值认定的合法性所替代，后者将由围在政策问题谈判圆桌上的所有利益相关者决定。

后常态科学 vs. 建构主义分析

后常态科学与后现代科学探究方法，例如建构主义分析之间，究竟有着怎样的区别呢？当探讨到政策意义时，两者之间的对比会变得显而易见。

这是因为，建构主义运动是在学院之内开始并展开其全部课题的。它并没有约束和改进，而那些东西只能在与围墙外实际政策问题打交道时产生。

“通过将基本的评判标准从真理变为质量，后常态科学将从技术到伦理的所有维度里的批判与实践联系起来。它并不把质量理解为简单的属性；事实上，它是**功能性的**（与信息的用途相关）、**递归性的**（谁能监察那些监察者？）以及**道德性的**（脱离责任的最终源泉，所有的质量都会垮塌）。”

J. 拉维茨

后常态科学将那些必要的工具配备给我们所有人——科学家、公民和决策者，这些工具用来处理当代科学中固有的复杂事物、不确定性和风险。在做出我们时代的某些最至关重要的决策时，后常态科学强调要重视对不确定性和质量进行管理。冲突并没有被消除，但基于理性的和解却有了可能。

实践中的后常态科学

后常态科学如今在实践中的许多方面得到了实现。在欧洲，公民科学小组以及有共识取向（consensus-orientated）的科学会议的数量增加了。科学中心正在兴起，在各种关于科学和社会的问题上，对开放的公共辩论的要求与日俱增。

在决定疾病的治疗策略上，病人的角色变得更加重要……

有的时候——比如在艾滋病的例子中——他们甚至会就研究方法进行协商。
这些发展表明，公众参与科学的制度化存在可行的机制。

以“扩大的同侪集团”以及“扩大的事实”为核心理念，后常态科学把与女性主义、原存科学和环境正义相关的理论和运动包含在内。

更确切地说，后常态科学的原则可以被视为在“预警原则”（precautionary principle）、社区研究网络和科学商店中得到了实践。

预警原则

“预警原则”认识到科学的方法与实践中不确定性的重要性，它表明了对科学步入后常态的全球化认同。

奠定预警原则使用基础的是一种假设，即科学的产品能够潜在地造成危险的结果。

嗞！
叮——咚——啪！
数据过载……数据过载……
紧急情况，红色预警！
因此我们需要谨慎地前行。

这个原则如今在许多国际性管控法规中受到了推崇。该原则是什么时候以及在何种情况下发源的呢？

预警原则的起源

预警原则的经典构想，是在 1992 年的《气候变化公约》（Climate Change Convention）中首次阐明的。它被定义为“预期、预防或减少不利影响的措施”，针对在科学进步中“存在严重且不可逆转损害的威胁”。该定义规定，“绝对科学确定性的缺乏，不应该当作延后这些措施的理由”。

该定义甚至建议，预警措施应当是“有成本效益的，以便在最低可能的成本上确保全球性效益”。
欧盟的科学政策，如今受到了预警原则精神的指导。

在制定对环境或人类、动物和植物健康存在风险的政策时，该原则越来越多地得到了使用。责任现在归到了生产商身上，他们要证明一个产品或工序是安全的。

这有什么关系呢？我们死的时候是富有的。

预警原则表达了一种革命性的理念：**科学并不具备所有的答案**。某些计划之内的发展或许会造成一些至今仍然未知的危害，只要这一点得到了承认，问题也就转化为后常态性的了。

如果决策留给科学家来做出……
那么它就会被交给科学家的跨国雇主，他们为了逐利会不顾一切地前进……
然后让子孙后代来买单。

对预警原则进行自动化的应用将牵涉到“扩大的同侪集团”，他们带来了自己的责任——维护他们的自然、社会和精神环境。

社区研究网络

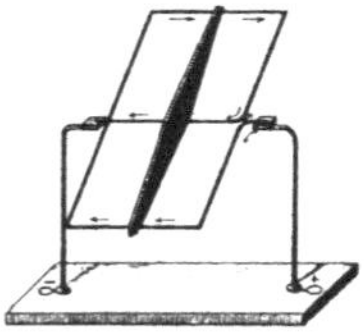

后常态科学坚持认为，公民必须参与到科学之中。在美国，有许多生机勃勃的社区研究网络（Community Research Networks, CRNs）支持着非营利性群体和少数群体，试图以此来找到医疗保健和污染问题的解决方案。他们的活动根植于他们所服务的社区，且他们在所有层面上鼓励公民的参与。他们工作的范例包括……

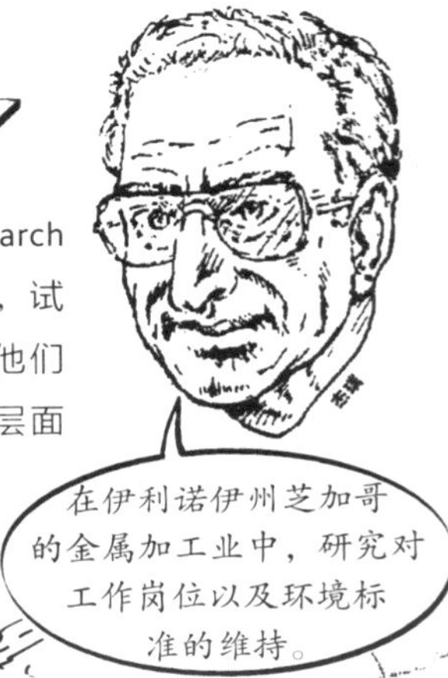
在伊利诺伊州芝加哥的金属加工业中，研究对工作岗位以及环境标准的维持。

在佛罗里达州杰克逊维尔，帮助社区评估公共服务分配的公平性。
在俄亥俄州居民区，协助决策计算机资源及其使用。

社区研究网络不仅仅是将科学带给公民，他们鼓励公民对自己的问题进行科学化的思考。

关于社区如何利用科学来帮助他们自己，一个经典的例子来自20世纪80年代早期的马萨诸塞州的沃本。理查德·斯克罗夫（Richard Sclove）——艾莫斯特市洛卡学院的主管——解释道……

二十年之后，沃本的孩子们罹患白血病的情况已经到了警戒比率。其他儿童病——泌尿和呼吸疾病——也异乎寻常地普遍，还有流产现象。白血病罹患者家庭最早发现了疾病扩散的地理格局。

斯克罗夫

一位母亲的儿子得了白血病，通过与患者家属会面以及口耳相传的方式，她开始收集其他生病孩子的信息。
她推论，白血病的扩散与城镇的供水有关。
我问了州政府官员，要求测试水质，对方却断然回绝。

这是故事的开始……

社区的回应……

沃本的病患家庭开展了他们自己的流行病学研究，以此来作出回应。

沃本的胜利极大地推动了联邦超级基金（Superfund）法规的制定，该法规为清理美国的有毒废料区域提供资源。

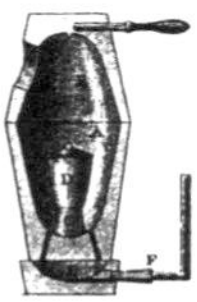

有两个关键因素促成了
沃本案的成功结果。

患病者和他们的家属齐心协力……
齐亚丁

而且我们获得了几位科学家的帮助。
成功了！我们有钱了！

哈佛大学公共卫生学院与约翰·斯诺公司（John Snow Inc.，一家非营利性组织）与受害者家庭一道进行了至关重要的研究，他们代表了后者的利益。

基于社区的研究可以获得怎样的成就，沃本案提供了一个范例。

科学商店

科学商店致力于提供独立的参与性研究支持，对公民社会的关切作出回应。他们的主要功能是增进公众对于科学和技术的使用权，以及公众对科学和技术的意识。

科学商店最初在荷兰得到发展。在过去二十年间，荷兰大学网络建立了大量的科学商店，用以引导、协调并总结关于社会和技术热点问题的研究，回应社区团体、公益组织、地方政府和工人所提出的特定问题。

很多科学商店在特定领域中发展出了专长。客户常常被指引到那些最适合处理他们特别关注问题的科学商店。

在许多其他方面，荷兰的体制已帮助环保主义者分析了工业污染物，帮助工人评估了新型生产流程的安全性及雇佣后果，还帮助促进了社会服务人员对于叛逆青年的理解。

相当数量的创新研究方法，都是从科学商店的工作中涌现出来的。
他们的工作也导致了大学中许多科学课程的修改。
研究生
研究生
LATVIA
RUMANIA
BULGARIA
HUNGARY

荷兰体制激发了丹麦、奥地利、德国、挪威和捷克共和国的科学商店的出现。

现在何处？

对科学的理解困难，不再集中于逻辑和知识等抽象问题上面。那些东西都属于过去的时代，那时的科学作为世俗社会的标志，与神学之间存在冲突，而神学是教会主导的社会秩序的核心。

科学越来越受到私人利益和集团权力的主导，这一点不能再被掩盖起来了。科学的每一次进步，都会遭遇到不确定性、无知、安全性和控制的问题。这场斗争，已经超越了科学研究、控制以及科学产物之使用的形态和方向。

民主的解决方式

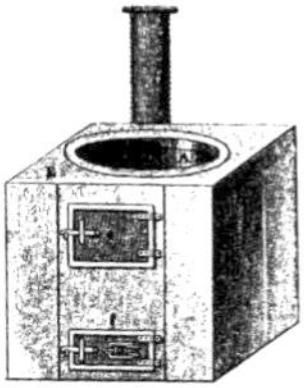

科学是民主的最后边界。它仍然渴求着“普遍的知识”，但它仍停留于一个自我选拔出的少数人团体中，他们的工作被“同行评审”的程序所围绕，越出了公众的审查。在这种精英主义还能起作用的年代，科学仍只是一种绅士追求，并不有求于更加广阔的社会和自然世界。

这是谁的科学？

科学实在太重要了，以至于它不能仅仅留给科学家，以及那些管理着他们的工作、控制着科学产品的人。几乎在科学事业的每个层面上，公民的参与都是必不可少的。

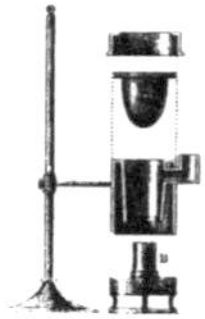

这是必须的，既是为了维持与政策相关的科学的质量，也是为了在一个技术当道的时代保护民主。
我们似乎变老了……
更老了……
如今，科学家从公众那里感受到的恐惧和敌意，并非来源于无知和野蛮，而是一种被剥夺权力的感觉。

有许许多多的证据——从图书销售到电视节目——表明普通民众事实上对科学非常感兴趣且抱有好感。

这是我们的科学

在科学学中，着实有一些切实的问题有待学者探究，而在一场新的科学大战中，也还有一场场真正的硬仗要打。但它们关注于可持续性、生存和正义。科学最后进入了政体当中；它不能再作为“常态的”解谜活动，由**谁买单**和**为什么**的问题抽象地加以引导，那样是不可行的。

在这个意义上，我们都处于科学的后常态时代。
随着这种新的、充分觉醒的意识，科学可以再次获得它对人类的意义，以及能够再次吸引最优秀的人才从事科学这一事业。

延伸阅读

综述

Ina Spiegel-Rösing and Derek de Solla Price (eds.), ***Science, Technology and Society: A Cross-Disciplinary Perspective*** (London: Sage, 1977);

Colin A. Ronan, ***Science: Its History and Development Amongst the World's Cultures*** (New York: Facts on File, 1982);

Sheila Jasanoff et al. (eds.), ***Handbook of Science and Technology Studies*** (London: Sage, 1995);

Steve Fuller, ***Science*** (Buckingham: Open University Press, 1997);

Mario Biagioli (ed.), ***The Science Studies Reader*** (New York: Routledge, 1999).

科学政治学

Ziauddin Sardar, ***Science, Technology and Development in the Muslim World*** (London: Croom Helm, 1977);

David Dickson, ***The New Politics of Science*** (Chicago: University of Chicago Press, 1986);

Tom Wilkie, ***British Science and Politics Since 1945*** (Oxford: Blackwell, 1991);

Sandra Harding (ed.), ***The Racial Economy of Science*** (Bloomington: Indiana University Press, 1993);

Margaret Jacob (ed.), ***The Politics of Western Science*** (New Jersey: Humanities Press, 1994);

Richard Sclove, ***Democracy and Technology*** (New York: Guilford Press, 1995);

D.M. Hart, ***Forced Consensus: Science, Technology and Economic Policy in the United States, 1921—1953*** (Trenton: Princeton University Press, 1997);

Jane Gregory and Steve Miller, ***Science in Public*** (Cambridge, MA: Perseus, 1998);

Sheldon Rampton and John Stauber, ***Trust Us, We're Experts*** (New York: Penguin Putnam, 2001).

科学哲学

Karl Popper, ***The Logic of Scientific Discovery*** (London: Hutchinson, 1959) and ***Conjectures and Refutations*** (London: Routledge and Kegan Paul, 1963);
Paul Feyerabend, ***Against Method*** (London: NLB, 1975), ***Science in a Free Society*** (London: Verso, 1978) and ***Farewell to Reason*** (London: Verso, 1987);
Imre Lakatos and Alan Musgrove (ed.), ***Criticism and the Growth of Knowledge*** (Cambridge: Cambridge University Press, 1970);
J. R. Ravetz, ***Scientific Knowledge and Its Social Problems*** (Oxford: Oxford University Press, 1971) and ***The Merger of Knowledge With Power*** (London: Mansell, 1990).

库恩

Thomas S. Kuhn, ***The Structure of Scientific Revolution*** (Chicago: University of Chicago Press, 1962);
Barry Barnes, ***T. S. Kuhn and Social Science*** (London: Macmillan, 1982);
Steve Fuller, ***Thomas Kuhn: A Philosophical History for Our Times*** (Chicago: University of Chicago Press, 2000).

科学史

George Sarton, ***Introduction to the History of Science*** (New York: Williams and Wilkins, 1947);
J. D. Bernal, ***Science in History*** (Cambridge, MA: MIT Press, 1979);
Joseph Needham, ***Science and Civilisation in China*** (Cambridge: Cambridge University Press, 1954—);

Ho Peng Yoke, ***Li, Qi and Shu: An Introduction to Science and Civilization in China*** (Hong Kong : Hong Kong University Press, 1985);

D. M. Bose et al. (eds.), ***A Concise History of Science in India*** (Delhi: Indian National Science Academy, 1971);

Debiprasad Chattopadhyaya (ed.), ***Studies in the History of Science in India*** (Delhi: Asha Jyoti, 1992);

Roshdi Rashed (ed.), ***Encyclopaedia of the History of Arabic Science*** (London: Routledge, 1996);

Donald R. Hill, ***Islamic Science and Engineering*** (Edinburgh: Edinburgh University Press, 1993);

Helaine Selin (ed.), ***Encyclopaedia of the History of Science, Technology and Medicine in Non-Western Cultures*** (Dordrecht: Kluwer, 1997).

科学社会学

Barry Barnes (ed.), ***Sociology of Science*** (London: Penguin, 1972), ***Scientific Knowledge and Sociological Theory*** (London: Routledge and Kegan Paul, 1974);

Ian Mitroff, ***The Subjective Side of Science*** (Amsterdam: Elsevier, 1974);

Karin Knorr-Cetina, ***The Manufacture of Knowledge*** (Oxford: Pergamon, 1981);

Bruno Latour and Steve Woolgar, ***Laboratory Life: The Construction of Scientific Facts*** (Princeton, NJ: Princeton University Press, 1986);

Steve Fuller, ***Social Epistemology*** (Bloomington: Indiana, 1988);

Harry Collins and Trevor Pinch, ***The Golem: What Everyone Should Know About Science*** (Cambridge: Cambridge University Press, 1993);

Michael Gibbons et al., ***The New Production of Knowledge*** (London: Sage, 1994);

Barry Barnes et al., ***Scientific Knowledge: A Sociological Inquiry*** (London: Atholone, 1996).

科学与帝国

Daniel R. Headrick, ***Tools of Empire*** (Oxford: Oxford University Press, 1981);
Michael Adas, ***Machines as the Measure of Men: Science, Technology and Ideologies of Western Dominance*** (Ithaca: Cornell University Press, 1989);
Deepak Kumar, ***Science and Empire*** (Delhi: Anamika Prakashan, 1991) and ***Science and the Raj*** (Delhi: Oxford University Press, 1995);
Roy Macleod and Deepak Kumar (eds.), ***Technology and the Raj*** (London: Sage, 1995).

女性主义批判

Sandra Harding, ***The Science Question in Feminism*** (Buckingham: Open University Press, 1986);
Maureen McNeil (ed.), ***Gender and Expertise*** (London: Free Association Books, 1987);
Hilary Rose, ***Love, Power and Knowledge*** (Oxford: Polity Press, 1994);
Margaret Wertheim, ***Pythagoras' Trousers*** (London: Fourth Estate, 1997);
Jean Barr and Lynda Birke, ***Common Science?: Women, Science and Knowledge*** (Bloomington: Indiana University Press, 1998).

后殖民批判

Ziauddin Sardar (ed.), ***The Touch of Midas: Science, Values and the Environment in Islam and the West*** (Manchester: Manchester University Press, 1982); ***Explorations in Islamic Science*** (London: Mansell, 1985); ***The Revenge of Athena: Science, Exploitation and the Third World*** (London: Mansell, 1988);
Ashis Nandy (ed.), ***Science and Violence*** (Delhi: Oxford University Press, 1998);
Claude Alvares, ***Science, Development and Violence*** (Delhi: Oxford University

Press, 1992);
Sandra Harding, ***Is Science Multi-cultural?*** (Bloomington: Indiana University Press, 1998).

科学大战

"Science Wars" , ***Social Text***, vol. 46—47 (Durham: Duke University Press, Spring/Summer 1996);
Paul R. Gross et al. (eds.), ***The Flight From Science and Reason*** (New York: New York Academy of Science, 1996);
Paul Gross and Norman Levitt, ***Higher Superstition*** (Baltimore: John Hopkins University Press, 1994);
Alan Sokal and Jean Bricmont, ***Intellectual Impostures*** (London: Profile Books, 1997);
Thomas Gieryn, ***Cultural Boundaries of Science: Credibility on the Line*** (Chicago: University of Chicago Press, 1999);
Ziauddin Sardar, ***Thomas Kuhn and the Science Wars*** (Cambridge: Icon Books, 2000).

后常态科学

Silvio Funtowicz and J. R. Ravetz, ***Uncertainty and Quality in Science for Policy*** (Dordrecht: Kluwer, 1990);
J. R. Ravetz (ed.), "Post-Normal Science" , Special Issue of ***Futures***, vol. 31, September 1999;
Hilda Bastian, ***The Power of Sharing Knowledge: Consumer Participation in the Cochrane Collaboration***, http://www.cochraneconsumer.com.

关于作者及绘者

齐亚丁·萨达尔（Ziauddin Sardar），著名的文化与科学批评家，是书写伊斯兰科学和伊斯兰教未来的开拓者。作为伦敦城市大学后殖民研究访问教授，他已经出版了三十多本著作，从各角度考察科学、文化研究、伊斯兰教及相关主题，多部作品被翻译成二十多种语言。萨达尔教授是《未来》杂志的编辑，该杂志是关于政策、计划和未来研究的。他最近的著作包括《后现代主义与他者》（*Postmodernism and the Other*，1998），**《东方主义》**（*Orientalism*，2000）及**《外星人反抗我们：科幻电影中的他者》**（*Aliens R Us: The Other in Science Fiction Cinema*，2001），该书与肖恩·古比特（Sean Cubitt）合编，以及**《后现代生活的全部》**（*The A-Z of Postmodern Life,* 2002）。在本系列中，他还撰写了穆罕默德、文化研究、混沌学、媒体研究指南，以及同杰瑞·拉维茨（Jerry Ravetz）合著的数学指南。

波林·凡·路恩（Borin Van Loon）为本系列绘制的插图作品有《达尔文与进化论》《遗传学》《佛教》《东方哲学》《社会学》《文化研究》《数学》《媒体研究》和《批判理论》。他以近乎痴迷的方式，做了大量的剪切工作，并且确信他所秉持的观点——“图画通识系列丛书就是创意之母”。

致谢

我们对盖尔·伯克斯维尔（Gail Boxwell）的宝贵支持表示感谢。

索引